WAS IST WAS

学习源自好奇 科学改变未来

第一辑·全10册

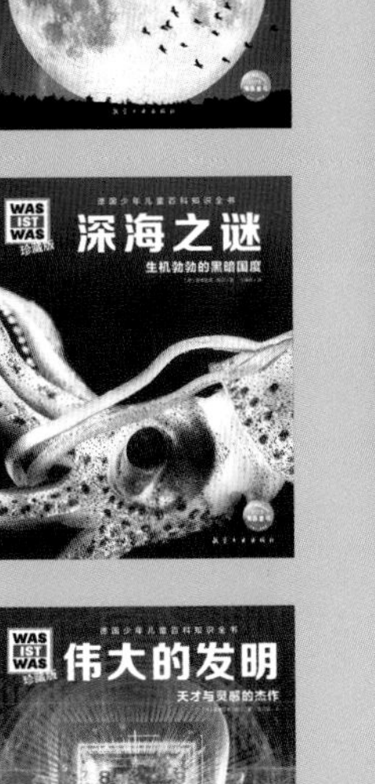

未来能源 探索月球 神奇地球 神秘机器人

第二辑·全10册

奇妙的人体 深海之谜 太空之旅 走进热带雨林

第三辑·全10册

宇宙中的星体 伟大的发明 神奇的火车 沙漠之旅

第四辑·全10册

显微镜探秘 野生动物 奇趣萌宠 鸟类不简单

第五辑·全10册

神秘的古埃及 印第安人 伟大的探险家 未来世界

第六辑·全10册

蛇的故事 考古探秘 马的生活 舞蹈的魅力

第七辑·全8册

生物质资源 石器时代

U0182218

各种各样的鱼

水下的奇妙世界

[德] 尼科莱 · 施拉夫斯基 / 著　　张依妮 / 译

航空工业出版社

方便区分出
不同的主题！

真相大搜查

14

鱼的嗅觉、听觉和味觉是怎样的呢？它们真的很笨吗？

4 各种各样的鱼

16

这只小小的海马是个伪装高手！

22

太可怕了！这条勤劳的清洁鱼还没有意识到危险的降临。

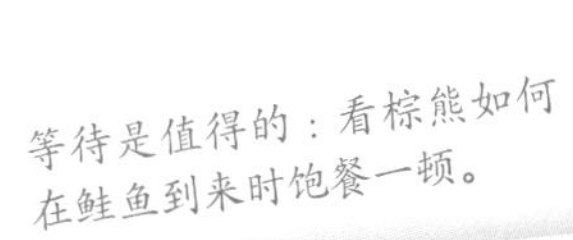

26

等待是值得的：看棕熊如何在鲑鱼到来时饱餐一顿。

18 鱼的思维

符号▶代表内容特别有趣！

28

珊瑚丛里是一个五颜六色的世界。

42

人们乘坐巨型轮船去捕鱼。

28 世界各地的鱼

32

就连南极和北极冰冷的海水里也生活着鱼群！了解更多在这里生活的鱼儿吧。

42 鱼和人

快来看一看！

46

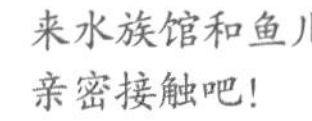

来水族馆和鱼儿亲密接触吧！

48 名词解释

重要名词解释！

热爱深处的人：科研潜水员乌利·昆茨

抓牢了！抓牢了！这样一台水下摄影机相当昂贵。

乌利·昆茨（Uli Kunz）想去探索神秘的水下世界，那里虽然不如月亮出名，却离我们更近。乌利·昆茨是一名潜水员，确切地说是科研潜水员：他潜入迷人的水下世界，游过挪威沿岸的白色珊瑚礁，考察被海水灌满的水下洞穴，甚至还曾到达北极厚厚的冰盖之下。他遇见世界各地稀有的生物，了解它们神奇的生存方式，这些对他来说都很熟悉，因为乌利·昆茨还是一名海洋生物学家。

第一次潜水时，乌利遇到了一个“怪物”——梭子鱼。

湖底的怪物

乌利·昆茨的探索热情是从九岁开始的，当时他正和父母在康斯坦茨湖度假。戴着泳帽、呼吸管和游泳镜的他正在水里认真研究小桥附近的水域呢。起初，他几乎看不到任何东西。一切都很温暖，平淡无奇。突然一个怪物向他跳了过来并冲他咬了咬牙！怪物近在眼前，乌利吓得尖叫着冲出水面。所幸怪物最终游回了湖底：其实，它不是怪物，而是一条和未来的探险家一样被这次意外的相遇吓坏的梭子鱼。

领航鱼围绕着鲸鲨。鲸鲨的尾鳍几乎和潜水员一样大！

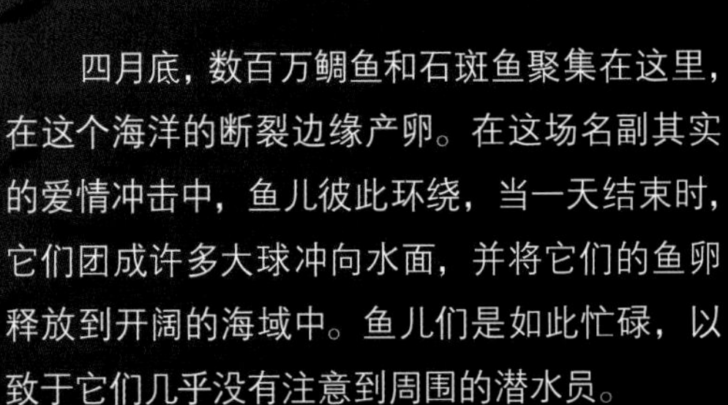

海洋生物学家乌利喜欢潜入未知世界。

加勒比的鱼婚礼

成年以后，乌利·昆茨遇到了真正的大鱼。在伯利兹海岸，他受大学委托拍摄鲸鲨。鲸鲨是世界上最大的鱼，几乎和帆船一样大。乌利乘坐帆船驶向遥远的海面，找寻合适的拍摄地点。水上的世界看似一成不变，但水下却延伸着一座巨大的珊瑚礁。水只有几米深，据说鲸鲨所在的地方就是珊瑚礁的终点，那里有一个陡峭的斜坡延伸至深处。

四月底，数百万鲷鱼和石斑鱼聚集在这里，在这个海洋的断裂边缘产卵。在这场名副其实的爱情冲击中，鱼儿彼此环绕，当一天结束时，它们团成许多大球冲向水面，并将它们的鱼卵释放到开阔的海域中。鱼儿们是如此忙碌，以致于它们几乎没有注意到周围的潜水员。

海洋里的碰撞

充满好奇的乌利·昆茨带着他的相机在鱼儿的“年度集市”里游来游去。他拍摄了一只巨大的鲸鲨突然从海里跃出的过程。但他不是摄影师，摄影不是他的目的，他热衷于观察鱼卵。鲸鲨用它巨大的嘴巴吸入了大量鱼卵，它游过乌利身旁，用强健的胸鳍给了乌利重重一击，并把他粗暴地推到一边。珍贵的水下相机从乌利身上滑落，迅速沉入海底——乌利没能保住自己的相机……

在那次经历之后，他又拍摄了许多鲸鲨的迷人照片，但每次他都会记得把相机紧紧抓在手里。

乌利·昆茨的装备有200多千克重。

一起了解鱼的种类

软骨鱼

鲨鱼是特殊的鱼类：它们没有硬骨，只有特别轻盈柔韧的软骨。

鱼类的历史比人类长得多，它们已经在地球上生存了大约 5 亿年。当陆地上还没有生命的时候，水里的鱼群就已经在四处畅游了，它们是世界上最古老的脊椎动物。据说，最早的鱼类与今天仍存在的蝌蚪和文昌鱼很相似。

硬骨或软骨

如今的鱼比人们所以为的更像人类。虽然它们与人类的外表看起来不同，却拥有类似的身体构造：鱼类有眼睛和下巴，有脊柱，有与人类相似的内部器官。绝大多数鱼属于硬骨鱼类，它们的骨骼和我们人类的骨骼也很像。

然而，最大的海洋鱼类鲨鱼有一个和我们不同的重要特征——它们没有硬骨，只有软骨。软骨比硬骨更柔软，更有弹性，更轻，所以软骨鱼都是优秀的游泳运动员。

哪个是前面，哪个是后面？人们几乎看不见半透明的小文昌鱼，可能鱼类的祖先也是像这样隐形的。

腔棘鱼

这个古老物种长约 1.5 米，它们的祖先在恐龙时代就已经存在了。人们曾经一度以为这个物种已经灭绝很久了，但之后渔民却捕到了活生生的腔棘鱼。令人惊叹的是：它们的大脑只有一个火柴盒那么大。

鲈鱼在欧洲的河流和湖泊中很常见，它们以小鱼小虾为食。鲈鱼长着两个几乎要连在一起的大背鳍，因而人们一眼就可以把它们识别出来。

知识加油站

- 世界上鱼的种类非常多，以至于人类一直没有完全认识它们。
- 科研人员每年都会发现新的鱼类，有时一年里新发现的鱼类有 100 多种。

鱼生活在哪里?

几乎有水的地方就有鱼：所以鱼类会生活在山间溪流、湖泊和海洋，海洋又包括浅海岸水域、深海沟渠、红树林海岸和极地海域等。对鱼来说，最重要的是水的类型：水是甜的还是咸的——这对鱼来说非常重要，因为鱼的整个身体都在水中。咸水鱼会死于淡水环境，反之亦然。只有极少数鱼类，例如鳗鱼或鲑鱼，可以适应从一种水型到另一种水型的变化。令人惊讶的是，淡水鱼的种类比咸水鱼的种类多得多，而地球上的咸水却比淡水多得多! 所有海洋的水加起来大约是湖泊和河流水的 300 倍，尽管湖泊和河流的数量比海洋多。淡水鱼是分开独立进化的，所以不同地区有许多不同类型的鱼。然而，咸水鱼彼此之间并没有被切断联系，所以没有太多物种形成。

大自然为鱼类所需的水温作了绝妙的安排，使得鱼类的体温能够适应周围环境的温度。这样，鱼类就和爬行动物一样成了变温动物。

什么生活在水里，却不是鱼?

水里生活着各种不是鱼的生物：比如海星和海蜇、螃蟹和海藻、蜗牛和贝壳。它们看起来不像鱼，没有骨骼、鱼鳍和鱼鳃，同理墨鱼也不是鱼。但是鲸和海豚也是这样的吗? 没错，它们也不是鱼，因为鲸和海豚像人类一样用肺呼吸。此外，它们不产卵，而是像哺乳动物一样生下宝宝。

海豚长得像鱼，却不是鱼，因为它们是哺乳动物。它们和人类一样生出小宝宝，一样用肺呼吸。

名字叫鱼，却不是鱼：墨鱼既没有脊柱，也没有鱼鳍，所以不是鱼类。

这样把鱼辨识出来

你一定知道鱼类的几个突出特征，比如它们有鱼鳍和鱼鳃。但是鱼还有许多其他的特征呢！

因为鱼儿的世界是如此丰富多彩，所以不是每种鱼都有鱼类的全部特征。硬骨鱼和软骨鱼不同，有些鱼类的鱼鳍和它们同类的不一样，鱼类的体型也常常是千奇百怪的。

这是一条硬骨鱼的骨骼图。你可以清楚看见它的头骨。头骨连接着中心鱼骨，即鱼的脊柱。另外，你还可以看见鱼线骨和肋骨。

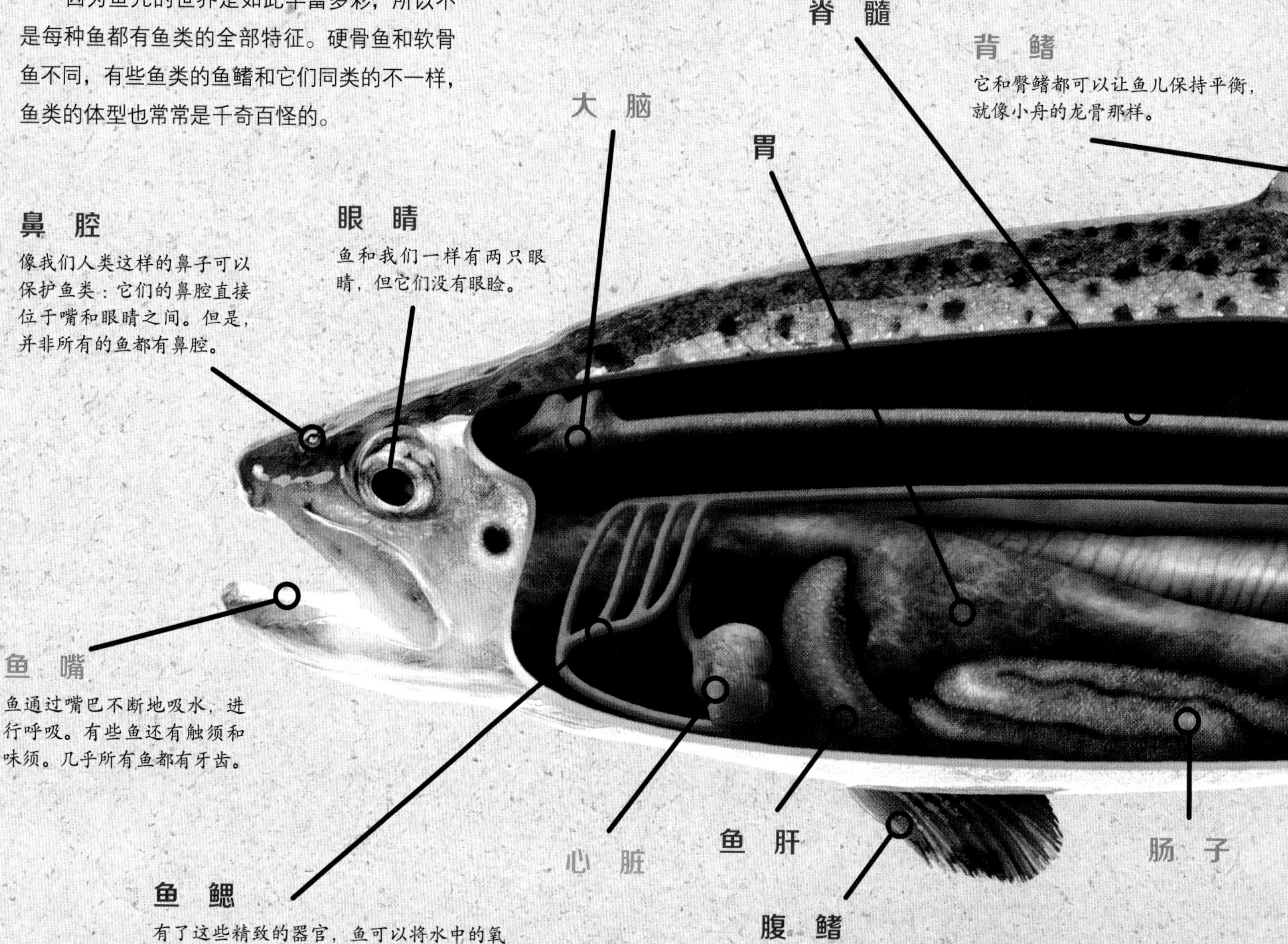

背 鳍

它和臀鳍都可以让鱼儿保持平衡，就像小舟的龙骨那样。

鼻 腔

像我们人类这样的鼻子可以保护鱼类：它们的鼻腔直接位于嘴和眼睛之间。但是，并非所有的鱼都有鼻腔。

眼 睛

鱼和我们一样有两只眼睛，但它们没有眼睑。

鱼 嘴

鱼通过嘴巴不断地吸水，进行呼吸。有些鱼还有触须和味须。几乎所有鱼都有牙齿。

鱼 鳃

有了这些精致的器官，鱼可以将水中的氧气过滤掉。所以它们可以在水下呼吸。

腹 鳍

几乎所有的鱼都有两个腹鳍。有了它们，鱼儿可以控制是向右还是向左游动。另外，腹鳍有助于鱼类保持平衡。有些鱼，例如鳟鱼，在更接近头部的侧面位置没有腹鳍，取而代之的是两个胸鳍。

鱼　鳍

大多数鱼有七个鱼鳍：胸部两个，腹部两个，背部一个，一个臀鳍，当然还有大尾鳍。但是，有些鱼的鱼鳍不足七个，甚至有的鱼还存在着不同的鱼鳍。例如，图中的鳟鱼有一个脂肪鳍。大多数鳍都具有内部结构，即鱼线骨。

容易识别：来自南美的坦克鸭嘴鱼有两排特别大而有力的鳞片。这种“护甲”可以保护它免受攻击。

鱼　鳞

鱼身上的小骨片就是鱼鳞，它们像瓷砖一样排列在每条鱼的皮肤上，保护鱼类免受攻击，并使恼人的寄生虫难以穿透皮肤。快速游动的鱼有着小而精致的鳞片。如果鱼游得很慢，鱼鳞也会更厚更重。事实上，鱼之所以如此滑溜，不是因为它们有鱼鳞，而是因为鱼鳞下的皮肤会分泌一种黏液。黏液就像化学防护装甲，可防止病原体侵入。

体侧线

它能让鱼感受到水中最微弱的运动。例如，捕食者或猎物造成的水波。所以在浑浊的水里，鱼儿也能“明察秋毫”。

肌　肉

尾鳍上的肌肉十分有力。

脂肪鳍

这种长在背部的小鱼鳍只有极少数鱼类才有。

鱼　鳔

俗称“鱼泡”，硬骨鱼的鱼鳔可以充满气体并产生浮力。所以当它们不游动时，也不会沉入水底。

臀　鳍

和背鳍一样，臀鳍帮助鱼类保持平衡。

尾　鳍

它给鱼提供了向前游动的必要推动力。因此，对几乎所有的鱼类来说，尾鳍的前进运动都非常重要。

轻快畅游，舒适睡眠

尾鳍是鱼的主要“引擎”。拥有强健肌肉的鱼尾与身体相连，当鱼摆动尾巴时，会产生强大的动力推动自身前进。为了防止前进时身体不受控制地绕着自己的轴线转动，鱼的背鳍和臀鳍就得发挥作用了：它们像船的龙骨那样稳定鱼的身体。

万能的鱼鳍

由于摆动尾部也会消耗大量能量，许多鱼很快就会累。因此，它们只在必要时，即狩猎或逃生时才使用最强的驱动力。

想要舒舒服服地游泳，有胸鳍和腹鳍就足够了。鱼类可以灵活地操纵这两个鳍。有些鱼甚至可以侧倾着向后游泳。

像鳗鱼或鳝鱼这样的长条鱼还知道另一种移动方式：它们像蛇一样蜿蜒向前。随着起伏的运动，它们将自己向前推动，与此同时，还有很长的背鳍在起作用。

冲　刺

蓝色马林鱼被认为是一个快速的游泳者：它的身体结实，尾巴有力。在它喷出气体时，会将胸鳍和腹鳍适当地向身体内凹下沉。它能以每小时100千米的速度在水中冲刺！

蜿　蜒

五彩鳗像蛇一样从洞穴的藏身之处射出，扑向小螃蟹和鱼。由于它的身体颀长而扁平，五彩鳗可以很好地蜿蜒前进。

摆　尾

它长得像一个方形的行李箱，它的运动就像直升机那样：箱鲀在珊瑚丛之间缓慢地游动，并且非常灵活。有着精致的鱼鳍的它甚至可以侧翻。

滑　翔

为了离开某处，鳐鱼使用的不是尾鳍，而是大大的胸鳍。它上下摆动胸鳍，就像扇动一对翅膀一样。

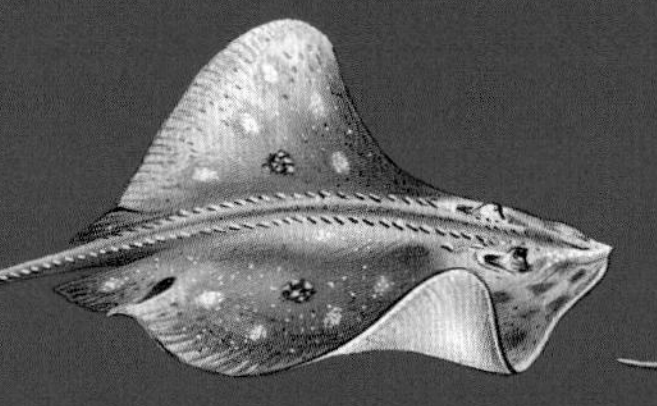

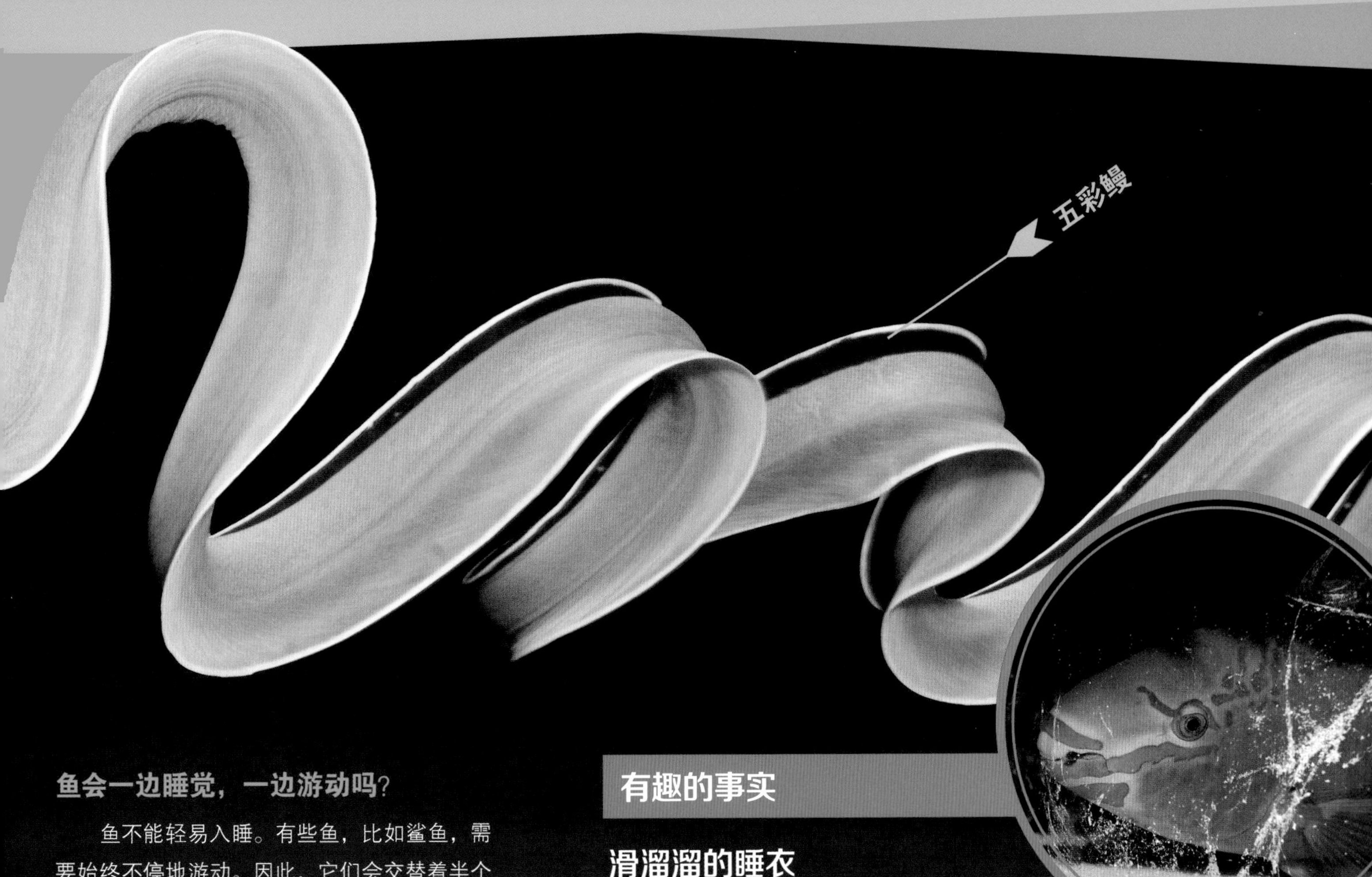

鱼会一边睡觉，一边游动吗?

鱼不能轻易入睡。有些鱼，比如鲨鱼，需要始终不停地游动。因此，它们会交替着半个脑袋睡觉，半个脑袋清醒。其他一些鱼，比如黄貂鱼，平躺在地上，用沙子盖住自己。那么河鱼呢? 如果停止摆动鱼鳍，它们会被河水往下冲! 因此，鳟鱼会在晚上寻找一个所谓的避难所。这是一个安静的地方，河水不会流动。斑马鱼有另一个窍门：它们只睡几秒钟，然后立即醒来，继续猛力向前划动。

有趣的事实

滑溜溜的睡衣

晚上，鹦哥鱼躺在海床上睡觉。为了不被天敌吃掉，它们会用一个黏膜套包裹自己。这样，掠食者就不会闻到它们的存在了。此外，黏膜套还能防止吸血小龙虾的入侵，它们就像恼人的蚊子一样讨厌。

不可思议!

鱼是睁着眼睛睡觉的，因为它们没有可以闭合的眼睑。因此，你永远不知道鱼是在睡觉，还是仅仅在休息。

这条黄貂鱼躺在海床上睡觉，它的半个身子被沙子盖着。

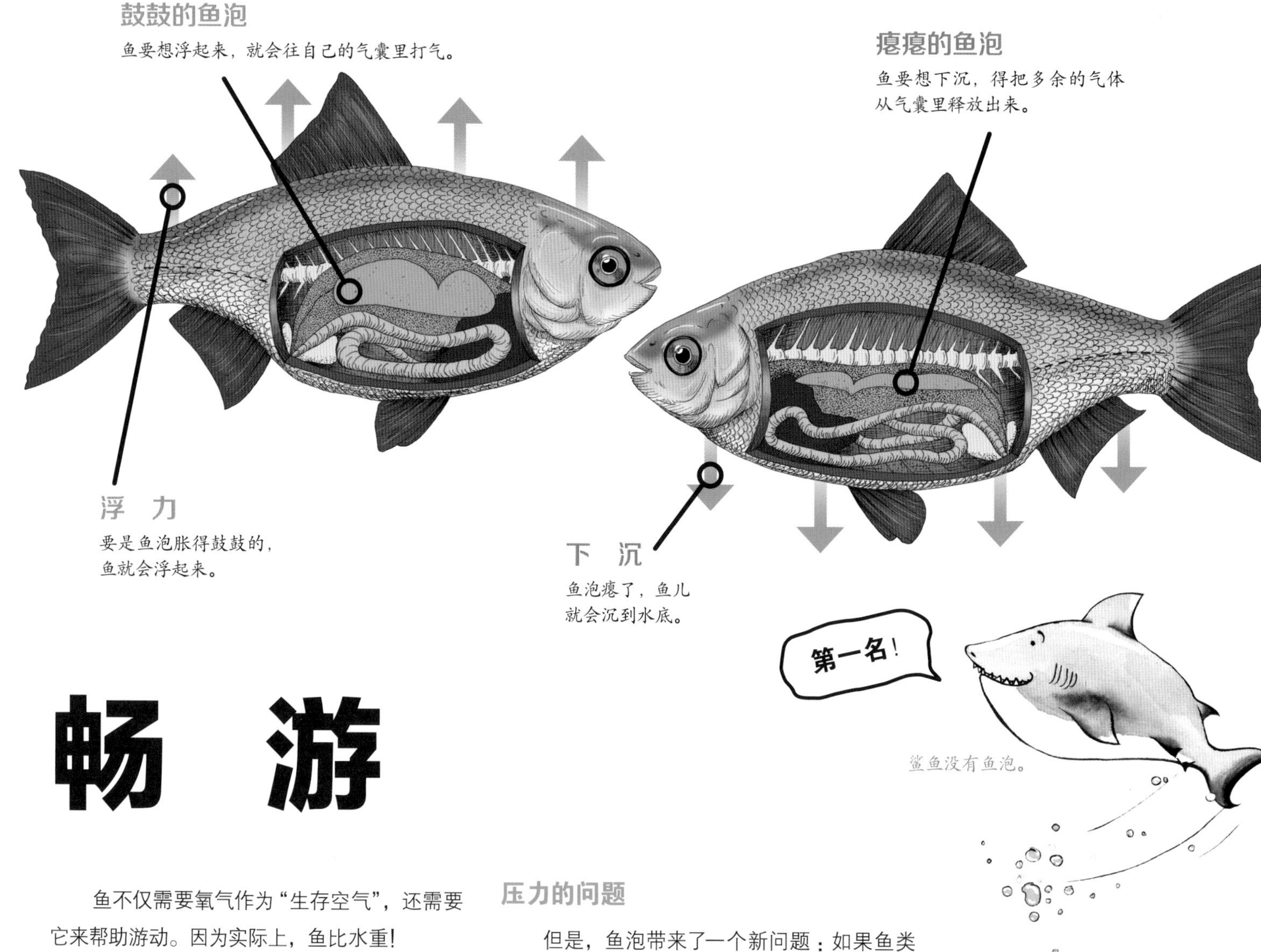

鲨鱼没有鱼泡。

畅 游

鱼不仅需要氧气作为“生存空气”，还需要它来帮助游动。因为实际上，鱼比水重！

鱼 泡

如果鱼静静地待在水中，它们就会沉入水底。 因此，鱼类必须不停游动，或者需要一个能使自己在水中变得轻盈的浮力体。鲨鱼只能不停地游动，而其他大多数鱼类都有鱼泡。鱼泡是鱼身体里一个可以充满气体的袋子。有了它，鱼就能够调整自己的浮力大小，从而在水中毫不费力地“漂浮”。

压力的问题

但是，鱼泡带来了一个新问题：如果鱼类下潜，水压会增加，使得鱼泡挤在一起。这么一来，鱼泡会变小，鱼便会失去浮力，因而下沉得越来越快。反之更加危险：如果鱼在水中向上游动，随着水压下降，鱼泡会膨胀，从而浮力增加，鱼就会上升得越来越快。鱼儿如果这么做，会有非常惨痛的后果：膨胀的鱼泡将它的器官紧紧挤在一起。为了防止这种情况，鱼可以根据需要,将气体打进或排出鱼泡。然而，这需要时间——没有鱼泡的话，鱼可以更快地上下游动。

➜ 你知道吗?

鱼泡会反射声波。这对鱼来说非常不利，因为渔民的船上有声呐装置。这个装置通过声波的反射来测量海底的深度。鱼儿真是倒霉：声呐也可以识别鱼群的位置——因为鱼泡也能反射声音。

恼人的鱼泡！

这条宝石石斑鱼真是受够了！对它来说，参加游泳竞赛真是不利。

如果一片水域即将干涸，鳗鱼可以穿过潮湿的草地迁移到下一个水域。这段时间它们用皮肤呼吸。

呼　吸

水中也有氧气！这就是为什么鱼可以在水下呼吸。但是，它们没有肺，只有鳃。鳃是一种特殊的器官，有了它们，鱼可以直接从水中吸收氧气，然后输送到血液中。

鱼如何在水下呼吸？

鱼会一直让水通过它们的嘴巴流进鱼鳃里。鱼鳃具有非常薄的膜，一方面淡水可以流过，另一方面血液也可以流动。水中的氧气可以通过皮肤流入血液。同时，二氧化碳从血液流入水中。在进行这种交换的过程中，鱼又会通过头后部的鳃缝把水排出来。

只有鱼鳃面积足够大时，这个过程才能有效地发挥作用。因此，鱼鳃被分为无数小叶片。如果把这些小叶片全部相邻排放，鱼鳃的总面积可以达到鱼皮肤表面积的约 50 倍。

此外，淡水必须不断流过鱼鳃。大多数硬骨鱼通过摇动鳃盖就能解决这个问题，所以它们用嘴巴扇水。一些软骨鱼类，比如大青鲨，没有鳃盖，因此，它们必须不断游动，以此为它们的鱼鳃提供源源不断的水流。

看起来真不舒服：这条非洲肺鱼就是这么度过旱季的。它钻进泥潭里，用肺呼吸。

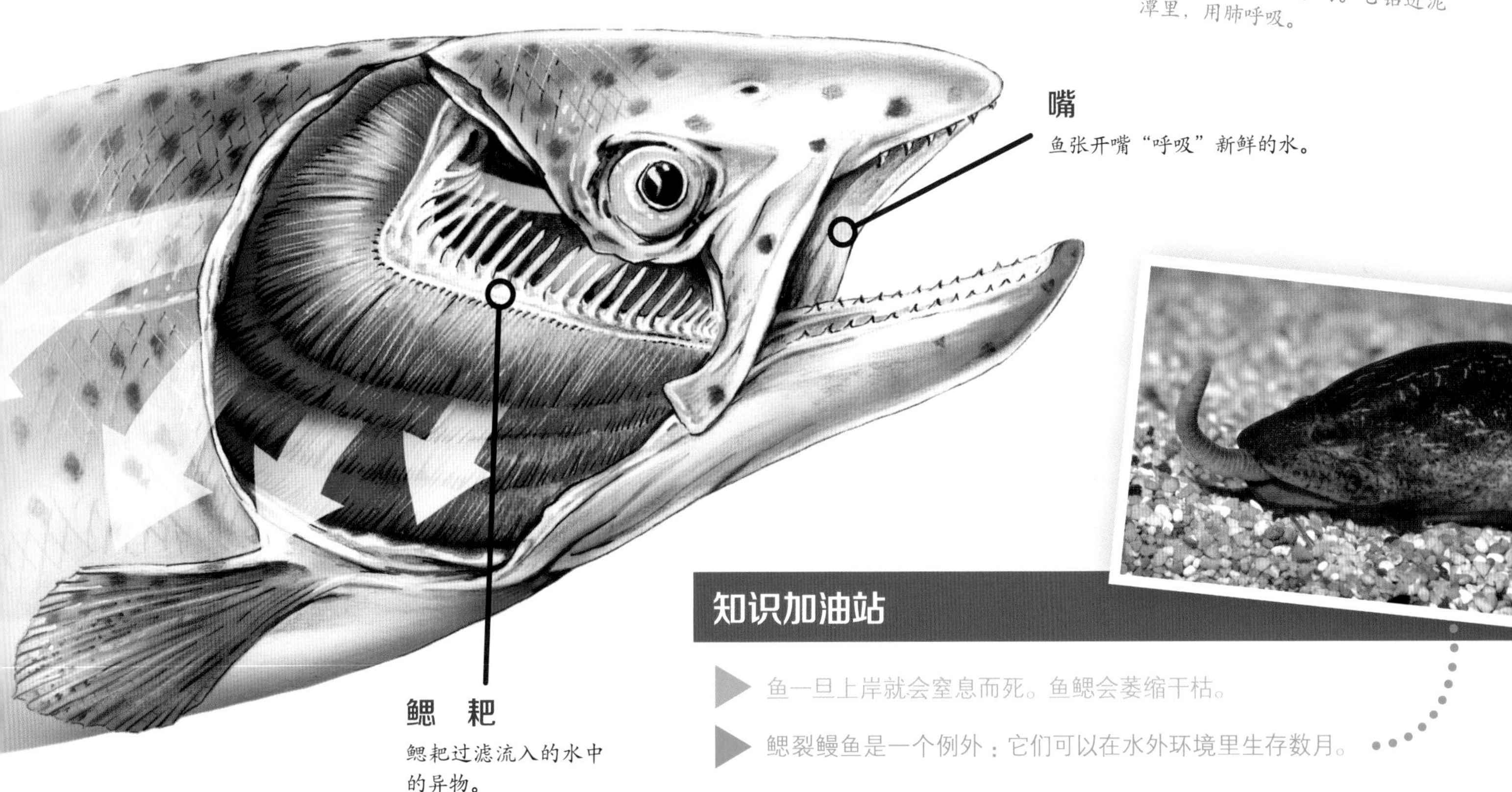

知识加油站

- 鱼一旦上岸就会窒息而死。鱼鳃会萎缩干枯。
- 鳃裂鳗鱼是一个例外：它们可以在水外环境里生存数月。

鱼如何理解它所生活的世界？

鼻　坑

在鱼的嘴巴和眼睛之间的凹坑内壁上有一层特殊的嗅觉皮肤。

体侧线

有些鱼的体侧线很明显。

鱼感知世界的方式与我们大不相同。这并不奇怪，因为它们的生活环境和我们截然不同：在非常深且浑浊的水中，你几乎什么都看不到，但鱼可以；反之像人类那样长出两个竖立的耳朵则会令鱼感到不安。

感觉在远处

我们人类不了解对鱼来说最重要的感觉——触觉。触觉顾名思义必须要接触才行。鱼通过体侧线感知周围水中正在发生的情况。它们感觉到水中的涡流，找到支流。即使水很浑浊，它们也会感觉到食肉动物是在接近它们，还是正在岩石上游泳。

在这个器官的帮助下，鱼群可以并排着一起游动，乍一看就像一条大鱼。鲇鱼甚至可以像警犬那样使用自己的感觉器官：当猎物已经游过去一分钟后，它仍然可以察觉到水中的旋涡。

光线很暗时也看得见

想要在水中看得见，不是那么容易的。同样地，想要看得远，也是不可能的，因为水总是有点浑浊。在水域深处，会变得越来越黑。因此，鱼类多数是近视的，它们越是生活在水中的深处，眼睛就越大。这样才能在极暗的光线下感知到某些东西的存在。由于深处非常黑，一些深海鱼类会自己发光——就像它们带了一个手电筒一样。有些鱼甚至会使用一种“夜视装置”，以发出猎物无法识别的红色光线。

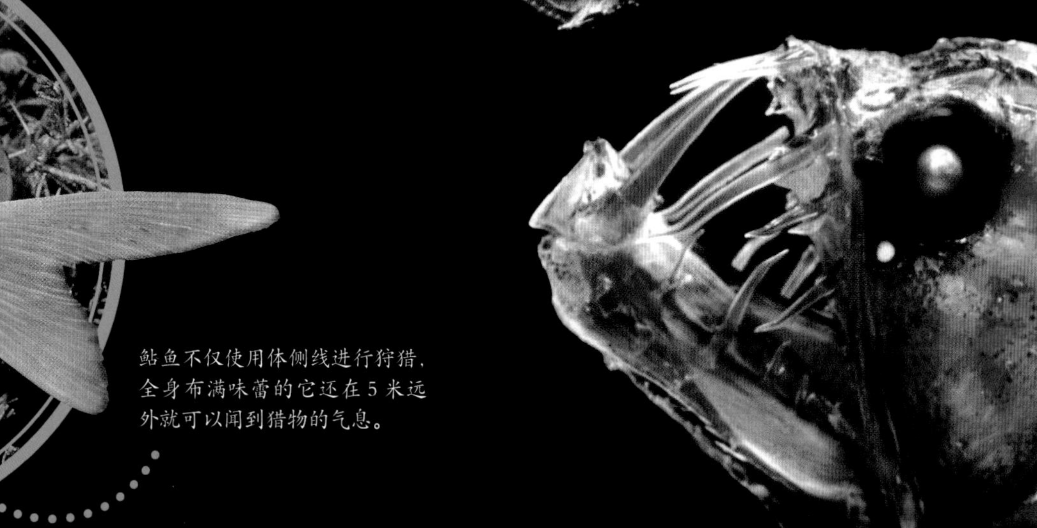

蝰鱼的眼睛下面有一个发光器，在黑暗的深海中可以自己发光。

鲇鱼不仅使用体侧线进行狩猎，全身布满味蕾的它还在5米远外就可以闻到猎物的气息。

不用耳朵听

鱼并不像我们一样拥有耳郭，但仍然可以听见声音。它们的耳朵“安装”在身体里面。这在水中特别管用，因为声音在水中传播的速度比在空气中快四到五倍。鱼泡的扩音作用也可以帮助鱼听见声音。另外，许多鱼可以通过它们的体侧线器官听到声音，这样它们就有了比身体还长的巨大耳朵。

鱼听到了什么？除了溪流的飞溅声和轮船发动机的嗡嗡声之外，鱼还听见它们的同类“咕噜咕噜”“吱吱吱”的叫声。鲈鱼甚至可以大声尖叫以吓跑敌人。鱼根本不是哑巴——我们听不见它们，大概是因为声音不会从水里传出来。

咕噜咕噜！

嗅觉和味觉

鱼的嗅觉和味觉是一样的，因为气味都溶解在了水中。许多鱼在嘴和眼睛之间有两个可以闻到气味的鼻坑。更具体地说，它们尝得出流过鼻坑的水的味道。因为许多鱼是整个吞食猎物的，所以它们在下嘴之前能否精确地嗅出猎物是不是可以食用就更加重要了。

许多鱼类不仅可以用鼻坑，还可以用嘴唇、嘴巴、鱼须、头部皮肤或鱼鳍尝出味道。鲨鱼特别敏感：它们甚至能闻出稀释过百万倍的血液。

磁感和电感

有些鱼还有着非常特殊的感官。虹鳟鱼和鲑鱼凭借它们的磁感就可以在地球磁场中定位。鲨鱼利用它们的电感进行捕猎，因为鲨鱼可以感受到海洋中每个生物所产生的低电压。

你知道吗？

剑鱼加热它们的眼睛。伴随着肌肉的颤动，它们的温度增加了 15 摄氏度。颤动的目的在于：可以更清晰地看见快速移动的物体。

石　鲈

这条鱼用它的咽齿发出咕噜声。此外，它的鱼泡还会放大这个噪声。

不可思议！

拥有最佳嗅觉的鱼类是鳗鱼。它大概连掉落在博登湖底的一块方糖都可以闻到。

鱼是这样的吗？

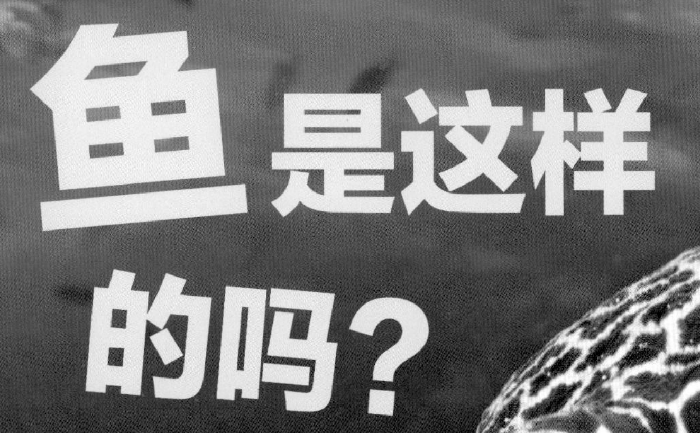

海蛾鱼

在沙质和卵石土壤中，这种小鱼几乎不可辨认。它的胸鳍是有着白色边缘的透明翅膀。它张嘴用力一吸，蠕虫和螃蟹就变成了口中美食。

庞大的豆点裸胸鳝

与看起来似乎很有趣的外表截然不同的是：这条体型庞大的豆点裸胸鳝是一个危险的猎人。它能长到三米长，潜伏在洞穴里。当心仪的猎物经过时，它就从那里弹射出来。因为视力不佳，也可能咬伤潜水员。哎哟！这可是非常痛的。

有些鱼看起来不像鱼，许多甚至看起来像是一片叶子，比如珊瑚或藻类。只有当你仔细观察时，才会发现它们的嘴巴、鳍、胃或背。这些奇怪的鱼类之所以长成这样，是为了适应那些非常奇特的栖息环境。

三丝鲉

很难把三丝鲉看成鱼。它进化出了奇怪的外表，成为了完美的伪装高手——在珊瑚丛中人们几乎发现不了它！三丝鲉的鱼鳞长在哪里呢？它们的背部有着长而尖的刺，并含有致命的毒液帮助它们狩猎。

海　马

这些海马与方糖一样小。它们不喜欢游泳，而是用尾巴把自己紧贴在其栖息的珊瑚上。顺便说一下，它们身上的脓疱并不是一种疾病，而是为了让自己完美地隐身于珊瑚丛之间。

隐居吻鲉

隐居吻鲉不喜欢游泳，它潜伏在海底靠近珊瑚礁的海藻和海草之间。当小虾等甲壳类动物游过时，它用嘴巴把它们吸进来吃掉。如果必须移动到另一个位置，它就会利用其强壮的前鳍跳动。

叶形海龙

这应该是鱼吗？它看起来像漂浮在水中的藻类。关键就在于此：叶形海龙生活在褐藻之间的岩石上，完美的伪装使敌人很难发现它。

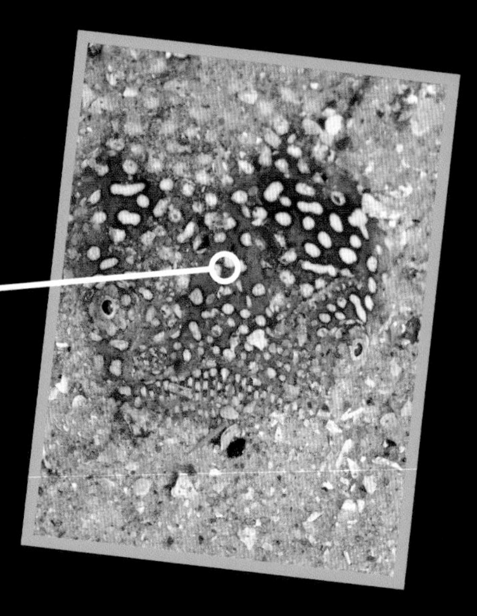

斑点星騰

你不会想见到这位伙伴的：它不仅看起来很危险，实际上的确如此。这只生活在北部的带电斑点星騰埋在海底的细砂里潜伏着。如果一只鱼不小心从它正上方游过，它会咔嗒一声闭上长满牙齿的嘴巴，用电流让猎物瘫痪。

海龙鱼

几乎世界各地的海岸附近都有这些奇怪生物的踪迹。海龙鱼用环形骨板把自己保护得密密实实。然而这也导致它们活动不便，所以游得很慢。它们摄食的猎物是昆虫幼虫和小型甲壳类动物。

谁是谁的盘中餐？

神仙鱼

很挑剔：神仙鱼是一位食品专家，它几乎只吃多孔动物。

红眼鱼

红眼鱼主要以植物为食，它们不太喜欢吃其他鱼类！但不反对尝尝某些蠕虫或螃蟹。

事实上鱼总是会觉得很饿。因此只要能找到的东西，它们都会吃掉。鱼的菜单包括昆虫、幼虫、螃蟹，还有其他鱼类。有些鱼类甚至吃青蛙或鸟类！还有一些则主要以植物为食。

食肉还是不食肉？

人们把鱼分为食肉鱼和非食肉鱼。前者会捕捉其他鱼类并把它们吃掉，后者不会。非食肉鱼主要吃比自己更小的动物或植物。比如梭子鱼就是食肉鱼，而鲤鱼不是。因为鱼没有手，所以它们通常不得不一口吞下食物。一般的规律是小鱼吃小食物，大鱼吃大食物。

大鱼吃小鱼

浮游生物是水中最小的生物。小鱼以浮游生物为食，同时又是大鱼的盘中餐，然后大鱼又会被鲨鱼等更大的动物吃掉。此外，有些鱼类还会吃其他海洋动物，如墨鱼或贝类。

大多数鱼类的食物并不只限于一种，而是各种各样的。反过来说，这意味着它们所面临的掠食者不仅一个，而是有好几个。

饿着肚子的鱼

有时鱼也只能挨饿，因为食物常常只在特定时间才有。鱼每次都会吃下尽可能多的食物，因为在那之后，它们可能需要经过几个星期才能等到下一顿。

蜥蜴鱼

这些生活在海底的食肉鱼潜藏在沙子里等待猎物。它们甚至还吃贻贝！

无沟双髻鲨吃硬骨鱼、墨鱼，甚至有毒的黄貂鱼。

梭子鱼

这是什么牙齿！梭子鱼面对植物完全无能为力，它仅以其他鱼类为食。它的身体形状很像鱼雷，这有助于它的狩猎捕食。

鱼喝水吗？

这取决于鱼的生活地点：在淡水还是咸水中。淡水鱼不必喝水，相反，它们必须摆脱不断渗透进自己身体里的水。在肾脏的帮助下，它们不断地排出多余的水分。如果不这样做，它们会像气球一样膨胀，并且最终爆炸。生活在咸水中的鱼就很不一样了。它们必须喝水，因为周围的咸水把液体从它们体内抽出来了。因此，这些鱼的鱼鳃中具有去除海水中的盐分，并把盐水变成可口饮用水的装置。

知识加油站

- 根据嘴巴的位置，你就可以看出鱼主要在哪里寻找食物。
- 如果嘴巴位于头顶，说明这种鱼在水面寻找食物，经常捕捉昆虫。
- 如果嘴巴位于头部前方，即前端，这些鱼可以迅速吃掉漂浮在它们前面的食物。大多数食肉鱼类都有这样的嘴巴。
- 如果嘴巴位于头部下侧，即下端，这种鱼主要在海底寻找食物，比如海藻。

不可思议！

这条鱼伪装成石头，潜伏在地上。一旦猎物从它上方游过，它就张开嘴巴，吸入猎物。如果石头鱼受到攻击，它就会用背鳍上的剧毒刺保护自己。这些毒刺甚至可以杀死人。

1. 水中的所有生物都是从阳光下微小的浮游植物开始的。**2.** 同样靠水流前进的微小动物——浮游动物，包括磷虾和桡足类动物，也以浮游植物为食。**3.** 像鲱鱼这类鱼群喜欢在可以捕捉浮游动物的地方嬉戏。**4.** 更大的掠食者，如鳕鱼，又从鲱鱼群里捕食鲱鱼。**5.** 另一方面，鳕鱼又必须警惕最大的掠食者——例如鲸鱼和鲨鱼。

生存的技巧和窍门

对鱼类来说，保护自己免受敌人攻击并不容易。逃离并不总是可以轻易实现的，隐藏在水中又是如此艰难。然而，鱼类却发现了许多令人惊叹的方法，足以让它们的敌人头疼。

藏身于此

尽管鱼会隐藏，人们也必须知道它们藏身何处：幼小的鲷鱼把自己藏在海胆的针刺之间。这些刺不仅长而尖，并且有毒。待在这里，鲷鱼觉得非常安全。

紧紧卡住

鲀鱼生活在珊瑚丛里。那里就像迷宫一样，洞穴和细小的藏身之处纵横交错。晚上特别危险：饥饿的食肉鱼会在珊瑚礁前游来游去。为了能在夜晚安然入睡，鲀鱼退回洞穴，并用背鳍上的刺把自己包裹起来。这样，它们就能牢固地卡在洞穴里，即使睡着了也不会被拔出来。

你知道吗?

许多鱼有着发亮的腹部和颜色暗淡的背部。所以攻击者很难从下方辨识出它们，因为它们几乎和明亮的天空融为一体。而对于来自上方的攻击者来说，它们在视觉上又与暗色的海水混为一体。

群体策略

即使在没有保护的茫茫大海中，小鱼也知道如何躲避敌人！它们只要聚集在一起，形成巨大的群体，彼此靠近，紧密游动。它们甚至可以同时改变方向。对于攻击者来说，鱼群看起来就像一条巨大的鱼，要从中抓住某个个体是非常困难的。

伪装之术

如果没有藏身之地，有些鱼类仍然可以让自己隐形。这只叶须鲨就这么简单地躺在海床上，人们很难发现它，因为它看起来像是一块长满了海草的石头。它是通过把一缕缕的布片头将身体包起来，从而做到这一点的。

全身鼓起

有些鱼能够非常巧妙地欺骗攻击者。刺鲀和刺猬从没见过面，但知道使用同样的诀窍保护自己：如果受到敌人的威胁，它会竖起身上的刺。此外，刺鲀还会吞进大量的水。最后，它像气球一样圆鼓鼓的，即使是体型庞大的掠食者也无法吞下它了。

带刀防身

如果所有的防御术都失败了，鱼也必须拿起武器，保护自己免受敌人的攻击。比如刺尾鱼总是带着一把“小刀”：在它的尾柄上有着纤细而坚硬的硬棘，像刀一样锋利。如果受到攻击，它可以用这把“小刀”给敌人造成深痛的伤害。

迷惑欺敌

七夕鱼会假装成海鳗，因为它们有着相似的花纹，并且两边都有一个黑色的斑点，即所谓的眼点。当受到威胁时，它将后部分身体从洞穴中伸出来，并且上下移动——就像一只真正的海鳗头！ 它的眼点凶狠狠地瞪着攻击者——它们正在测算距离！

眼 睛

放毒警告

鱼也能用毒成功地保护自己。它们身上明亮的颜色可以警告敌人自己具有毒性。狮子鱼张开自己的鱼鳍防御敌人。它背部的鳍棘具有毒素，会给攻击者带来极度的疼痛，因此也就不敢招惹这个刺人的野兽了。干得好！

鱼还会干什么？

谁要是认为鱼只会游泳和吃东西，那他就大错特错了。鱼的技能可多了——射击、发光、飞翔，甚至还会爬树！在这里，我们搜罗了鱼类王国里最最奇特的专家。

被发现的猎物

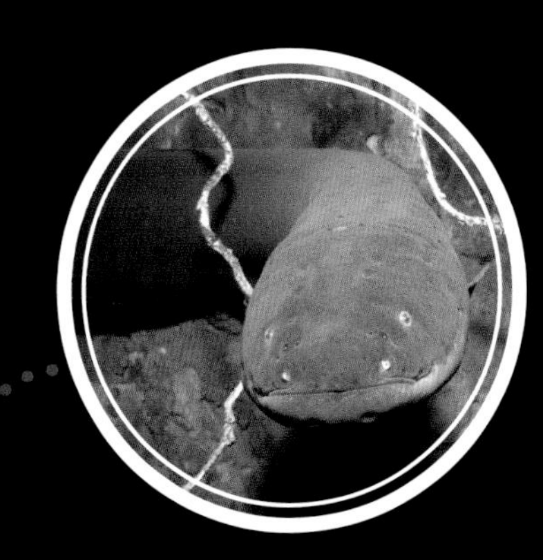

休克

看似无害的电鳗可以用特殊的器官发电。它发出的电量甚至可以杀死较小的鱼，或者至少电晕较大的鱼。这一招对于狩猎非常有用，也有助于逃生！

射击

昆虫请当心！当你停留在远离水面的树叶上时，仍然是不安全的，因为射水鱼十分狡猾，会对准你们喷出水柱。它的“大炮”射程超过一米半远。一旦你从叶片上跌落，它会高兴地把你吃掉。

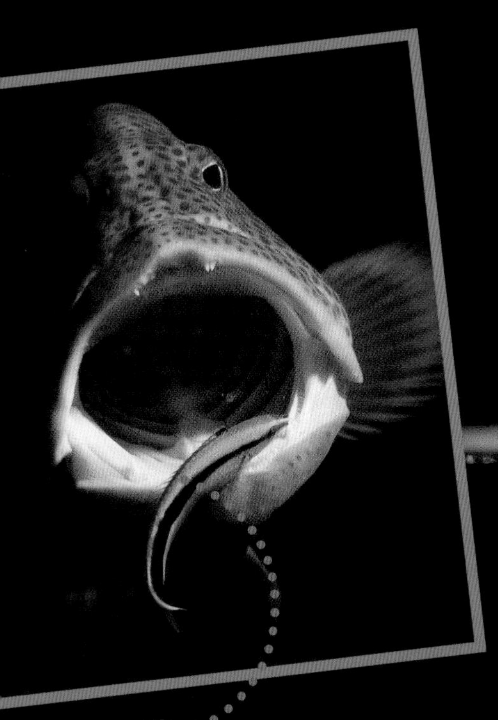

刷洗

清洁鱼不害怕掠食性食肉鱼，它们甚至会游到敌人的嘴里。食肉鱼对于能够摆脱寄生虫和皮屑的困扰感到非常高兴。一旦它们不耐烦地摆动自己，清洁鱼就立马消失无影踪。否则，它们可能会被吃掉。

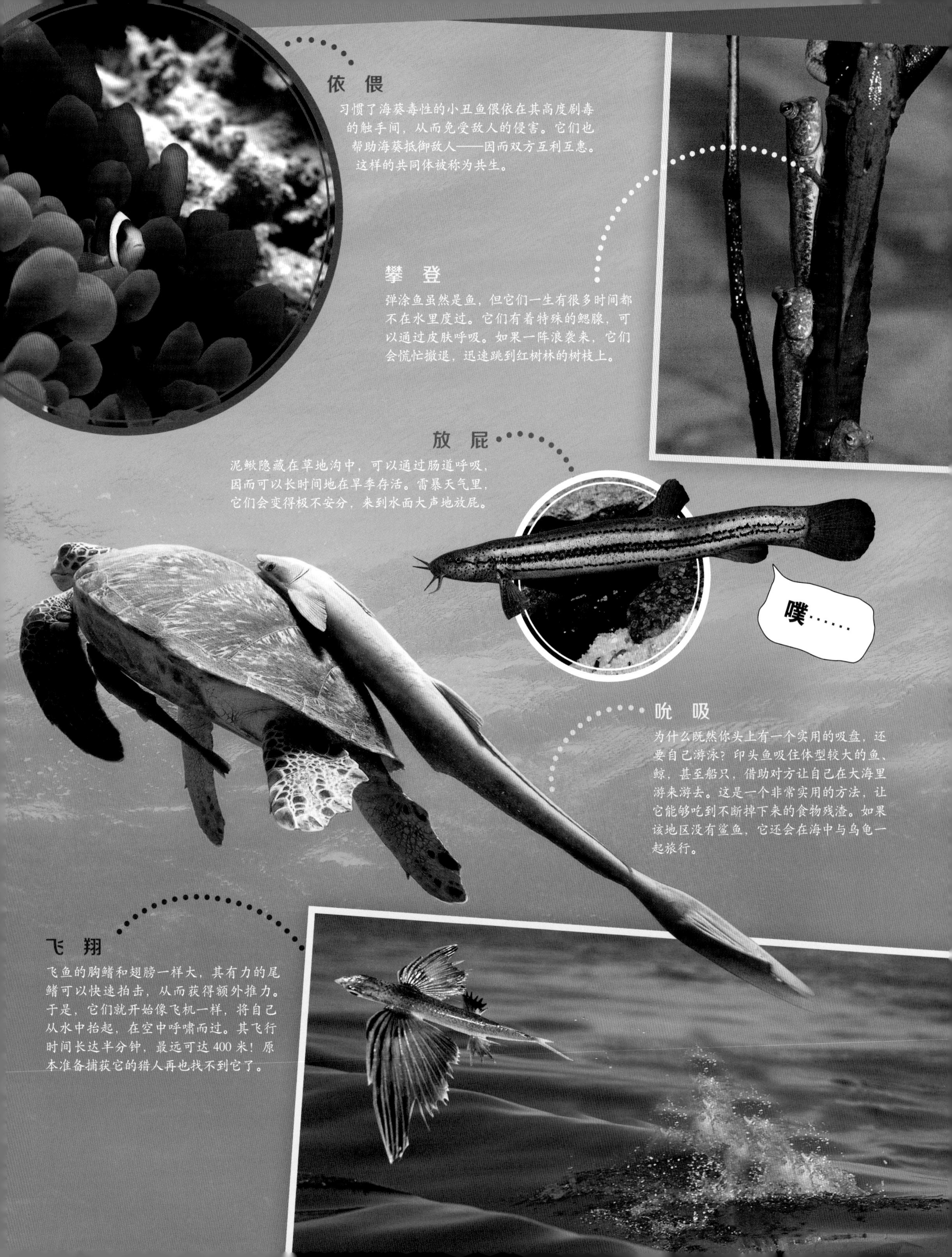

依偎

习惯了海葵毒性的小丑鱼偎依在其高度剧毒的触手间，从而免受敌人的侵害。它们也帮助海葵抵御敌人——因而双方互利互惠。这样的共同体被称为共生。

攀登

弹涂鱼虽然是鱼，但它们一生有很多时间都不在水里度过。它们有着特殊的鳃腺，可以通过皮肤呼吸。如果一阵浪袭来，它们会慌忙撤退，迅速跳到红树林的树枝上。

放屁

泥鳅隐藏在草地沟中，可以通过肠道呼吸，因而可以长时间地在旱季存活。雷暴天气里，它们会变得极不安分，来到水面大声地放屁。

吮吸

为什么既然你头上有一个实用的吸盘，还要自己游泳？印头鱼吸住体型较大的鱼、鲸，甚至船只，借助对方让自己在大海里游来游去。这是一个非常实用的方法，让它能够吃到不断掉下来的食物残渣。如果该地区没有鲨鱼，它还会在海中与乌龟一起旅行。

飞翔

飞鱼的胸鳍和翅膀一样大，其有力的尾鳍可以快速拍击，从而获得额外推力。于是，它们就开始像飞机一样，将自己从水中抬起，在空中呼啸而过。其飞行时间长达半分钟，最远可达400米！原本准备捕获它的猎人再也找不到它了。

繁殖期的小溪鳟鱼：这只雌性小动物猛力摆动尾巴，在沙砾层里击打出一个坑，并在其中产卵。雄性立刻把精子散布在卵上面，然后雌性再把沙砾堆起来，以盖住鱼卵，保护它们不受侵袭。

极少数鱼类会胎生孕育后代。像是孔雀鱼，它们的新生儿在母亲的腹部孕育，因而得到了很好的保护。

鱼儿恋爱啦！

你知道吗?

某些软骨鱼的卵被一个角状壳包裹着，以保护它们。这个胶囊附着在石头、植物或海中的其他物体上。孵化后的小鲨鱼、鳐鱼和海猫就必须自己应对外界的危险了。

鱼类也必须繁殖后代，使得它们的物种不会灭亡。在水下繁衍后代不同于岸上，大多数鱼类在水中产卵，之后孕育出鱼苗或幼鱼。

照顾还是不照顾

鱼的种类丰富繁杂，其繁殖的方式也多种多样：有些鱼聚集在一起群体交配，然后让自己的鱼卵随波逐流。后代会遭遇什么，它们满不在乎。还有一些鱼会仔细挑选伴侣，明智地选择筑巢地点，并保护它们的后代，直到其“长大成人”。有些鱼把鱼卵藏在砾石下，还有一些则将鱼卵附着在植物上。有些鱼甚至会把卵保护在自己的嘴里！

受精卵和未受精卵

未受精的卵在母体内成熟，被称为鱼卵。

有趣的事实

雄性还是雌性？

小丑鱼的性别视环境而定。如果其生存环境中已经有一条成熟的雌性小丑鱼占据统治地位，同时缺少雄性小丑鱼，这只无性别的小丑鱼会在几天之内就变成雄性。特别方便！

交配之前，雄性海马自豪地展示它那鼓鼓的育儿袋，显示了它可以孵化多少个鱼卵。

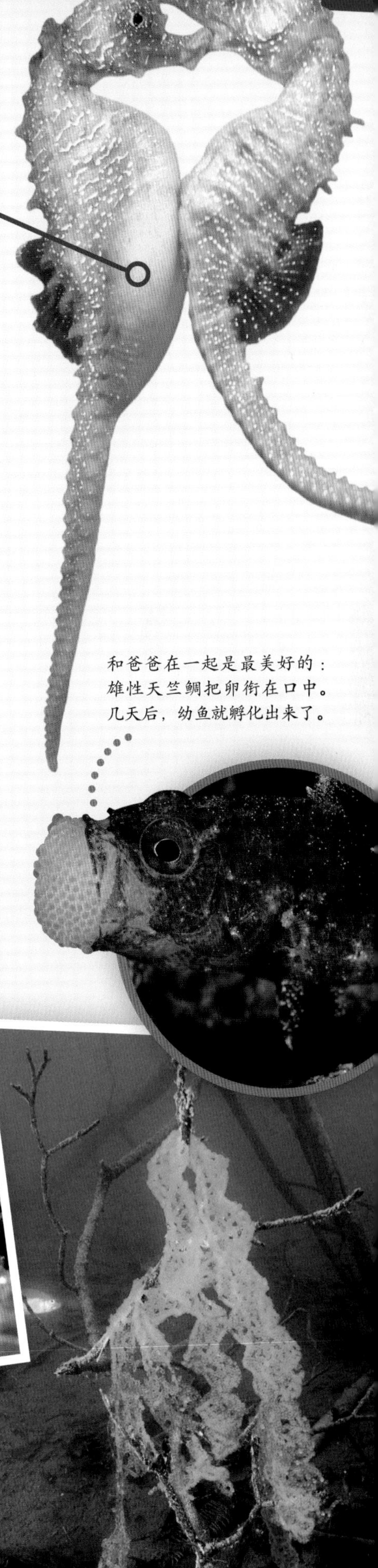

一旦从母体产出，雄性就立刻把精液洒在鱼卵上。由于精液是白的，所以它被称为“鱼白”。

鱼卵从母体中排出的过程被称为产卵。一些鱼类的卵子，如所有软骨鱼类都在母体内部受精。经过一段时间（不同种类的鱼时间长度不同）后，幼体或小鱼就孵化出来了。然后它们逐渐演变成“成年”鱼。鱼类繁殖后代的频率也大不一样。

鱼卵有多大?

鱼卵的尺寸大小悬殊：有些直径小于 1 毫米，还有一些则有好几厘米。但鱼类每次产卵的数量很多，而产卵越多，就越不会照顾它们的后代。比如对后代不管不问的鳕鱼一次可以产下九百万只鱼卵。根据科学家的研究，大概其中只有十个能够幸存下来。其余的在孵化前就都被吃掉了。

海马多仔细地照料后代呀！它们就好像是鱼类中的袋鼠。因为雄性海马身体上带着一个育儿袋。在那里，雌性可以产下多达400个鱼卵。这些鱼卵在被父亲正常分娩出来前，会安全地在这个袋子里成长。

和爸爸在一起是最美好的：雄性天竺鲷把卵衔在口中。几天后，幼鱼就孵化出来了。

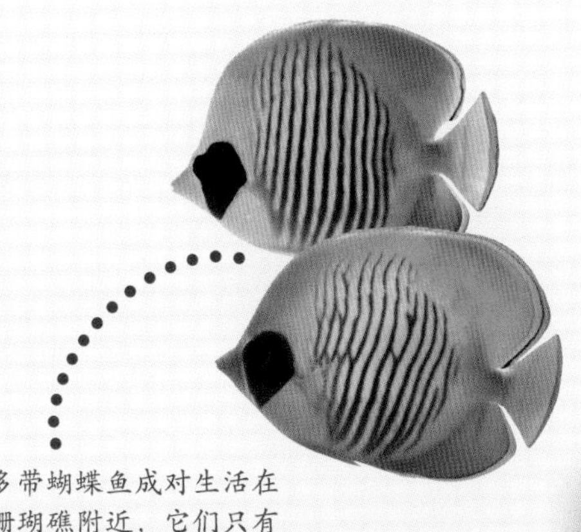

多带蝴蝶鱼成对生活在珊瑚礁附近，它们只有成对才可以防御掠食者狩猎自己的卵子。

➡ 纪录

约3亿

雌性月亮鱼在产卵！月亮鱼或许是有史以来繁殖率最高的鱼了。

河鲈将长长的产卵带附着于植物上（右图）。茴鱼的卵已经可以看得见幼体的眼睛了。

鲑鱼 迁徙的奇迹

红鲑鱼

在产卵期，这种鲑鱼从太平洋返回故土河流时会变色：它的背部在海中呈绿蓝色，在河中就会变成红色。

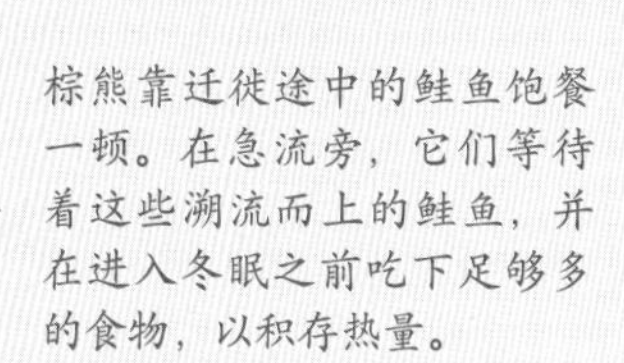

棕熊靠迁徙途中的鲑鱼饱餐一顿。在急流旁，它们等待着这些溯流而上的鲑鱼，并在进入冬眠之前吃下足够多的食物，以积存热量。

鲑鱼的生活非同寻常，因为它们一生中有两次会踏上漫长而危险的旅程：分别是在青春期和成年时期。它们出生在山中的小溪中，长大后就会沿着河流向下游过数千千米，到达大海。在海里度过了几年之后，它们吃饱喝足，膘肥身壮，然后就会回到自己的出生地。因此，它们需要重走漫漫长途，回到自己出生的故土。它们在那里产卵，然后死亡。总之，鲑鱼在海水和淡水之间迁徙，并且能够准确地找到它们出生的地方!

一架鱼梯：水中的横杆会引起漩涡，鱼可以顺着涡流更好地向上流游动。

终于到达大海

为什么青春期的鲑鱼无论如何也想要去到海里呢? 答案很简单，因为那里有很多猎物。大西洋鲑鱼结成小群体从后方捕食鲱鱼、鲭鱼和鳕鱼。鲑鱼是能力高超的猎人，因而餐桌上的美味实在太丰富了。它们把自己养得肥肥的，最大的可以长到一米半，重 40 千克。它们能量满满，准备返回出生地去了。

鲑鱼如何一路找回来?

对于研究人员来说，鲑鱼如何设法从格陵兰找到它们曾经出生的小溪，这是一个很大的难题。人们相信，它们首先根据地球磁场进行导航，然后根据太阳的状态定位，最后是水的气味。令人惊讶的是，鲑鱼可以在几百米范围内准确找到它们曾经被孵化出来的地方。

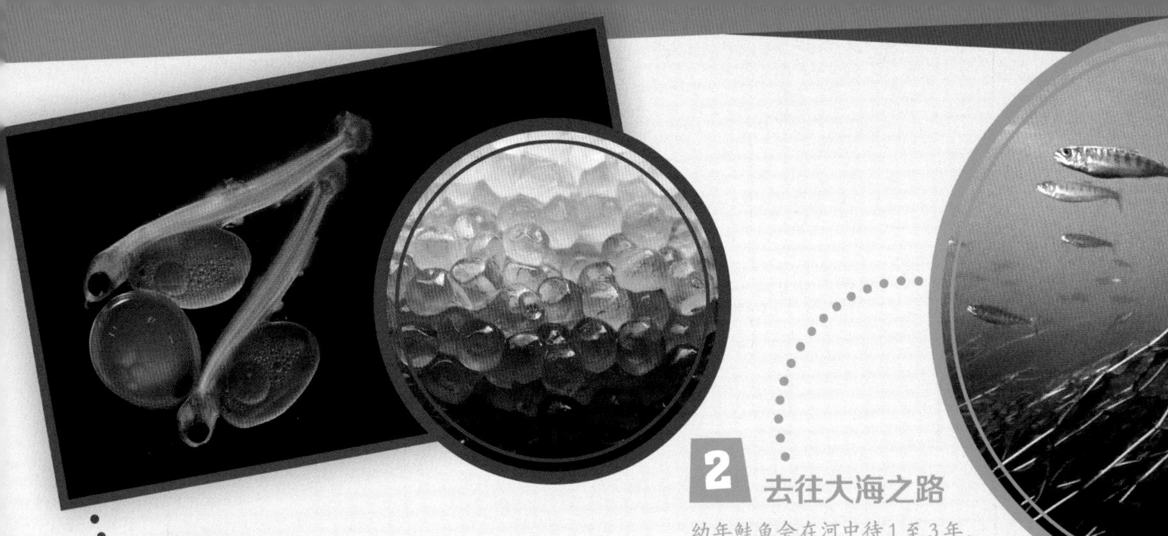

1 鱼　苗

鱼苗从直径5到7毫米的卵里孵化出来。它们在砾石床上度过头几周，依靠卵黄囊生存，然后它们寻找小螃蟹和水生昆虫作为食物。

2 去往大海之路

幼年鲑鱼会在河中待1至3年，然后去往海洋。它们会在入海口慢慢适应在海水中的生活。

高拉河：以生活着大量的鲑鱼而闻名。

挪　威

瑞　典

3 在海洋中

北大西洋冰冷的海域简直是鲑鱼的极乐世界：鲱鱼、鲭鱼和螃蟹在这里嬉戏。鲑鱼正在迅速生长，它们的食物中有许多甲壳类动物，所以鲑鱼肉会慢慢变红。

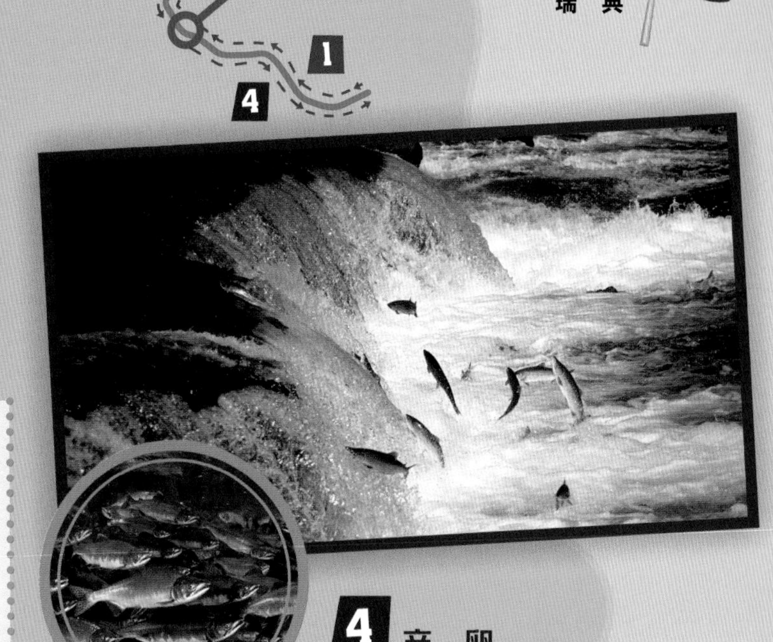

4 产　卵

几年后，鲑鱼溯流而上，回到了它们的出生地。这实在太耗体力了，因为它们不吃不喝，奋力向上。在产卵后，大多数鲑鱼就会死亡——因为它们已经筋疲力尽。

鲑鱼在德国的迁徙

过去，有许多鲑鱼洄游到莱茵河的支流中。但是自19世纪以来，情况变得越来越糟糕：废水污染了河流，水坝阻碍了这些动物的返程之路。自1950年以来，鲑鱼在德国就已经灭绝了。直到几十年后，人们才试图迎回它们。为此，人们建造了鱼梯，给工厂排毒。此间，他们取得了初次成功：大约在2000年之后，第一批鲑鱼重返了莱茵河及其支流中。

珊瑚丛里的缤纷生活

你知道吗?

珊瑚礁是地球上生物所创造的最大的建筑物，它们覆盖的面积比整个德国还大。最高的珊瑚礁超过 2200 米。它需要花费数百年的时间才能长到这么高。

珊瑚丛是地球上最多彩、最多样且最迷人的栖息地之一。

没有哪个地方可以像这里有如此多的物种亲密生活在一起。这里有着独一无二的植物和动物世界。还有很多鱼在礁石上嬉闹玩耍。

为什么珊瑚是动物?

如果你第一次看到珊瑚礁，可能会认为珊瑚是一种有鱼类栖息的岩石。但珊瑚本身是动物！尽管它很特别。生物学家称它们为“珊瑚花”，因为它们坚守在一个地方，看起来像水下植物。珊瑚在生长的同时，会在它们的脚下分泌石灰石。结果就非常缓慢地形成了巨大的、五颜六色的珊瑚礁。

水下的城市

鱼在珊瑚丛中紧密靠近在一起，就像聚居在大城市的人一样。因此，石珊瑚发育不良的茎通常被一团红色的方头鱼群包围。 如果某个捕食者或者潜水员靠近，鱼就会一下子消失：它们都躲到珊瑚之间去了。

为什么鱼如此多彩?

几乎所有在珊瑚丛中生存的鱼都非常多彩。这使得它们同类间更容易找到彼此并且能够迷惑攻击者。例如：五颜六色的四眼蝶鱼在尾鳍附近的两侧都有一个大大的黑点。 攻击者会把黑点看成眼睛，很容易就会攻击错误的方向——如此一来，敏捷的鱼就逃脱了！

四眼蝶鱼的名字取得真好：它的身体上有特别明显的眼点。

狮子鱼

小丑鱼

纪录

超过4000种

鱼类在珊瑚丛中生活。单单澳大利亚的大堡礁里就生活着1600种生物。

蓝色条纹鲷鱼

穿过礁石里的鲷鱼群。通常，无害的胭脂鱼把自己隐藏在鲷鱼之间。

石斑鱼

它看起来很危险，实际上也的确如此：石斑鱼是可怕的暗礁猎手。

方头鱼

数以百计的方头鱼居住在珊瑚礁之间，它们以浮游生物为食。

夜晚的珊瑚丛

随着一天即将结束，珊瑚丛里的生活场景也发生着变化。随着黄昏降临，五颜六色的鱼群就变得更加谨慎。它们更加紧靠珊瑚游动，随时准备逃跑。在暮色中，它们的视力会下降，而那些在夜晚视力良好的鲨鱼则处于优势地位。海鳗和其他饥饿的食肉鱼在珊瑚丛中虎视眈眈。

当夜幕降临时，鱼会回到珊瑚里迷宫般的藏身之地。小丑鱼安全地睡在海葵的触角下。只有到了早晨，鱼群才会再次涌入公共海域，寻找浮游生物和其他食物。

尖吻鲻

伪装大师：这些“长鼻珊瑚卫队”已经适应了在珊瑚丛中生活的模式。它从珊瑚丛中弹射出来，用长长的鼻子抓住小鱼或螃蟹。

被威胁的美丽

不幸的是，珊瑚礁受到被破坏的威胁：海水温度的升高会威胁珊瑚礁并导致珊瑚白化。这样一来珊瑚就会失去色彩并死亡。另外，研究人员担心空气中二氧化碳的增加会使海水酸化。这会导致构成珊瑚礁的石灰石分解。

为了拯救珊瑚礁，人们已经开始建造人造珊瑚礁。

帆船刺尾鱼

这些鱼会随着情绪的变化改变它们眼睛的颜色。

海葵

这种珊瑚纲动物与珊瑚有着亲戚关系，它们居住在珊瑚礁中，有些甚至在和德国相似纬度的海域中生存繁衍，例如北海和波罗的海。

长夜漫漫

雄性

阳光无法照射的地方就是深海的区域。我们下潜得越深，海水越暗。由于太暗，在 200 米的深度以下我们就再也看不到任何东西了，植物也不会再繁殖了。另外，海水越深，水压就越高。而条件越恶劣，生活在那里的物种就越稀有。

神秘莫测的深处

深海是世界上最大的栖息地：超过一半的世界被深海覆盖。尽管如此，我们对海洋深处的研究却还不如月球。因为只有特殊的潜艇才能潜到这个神秘的深度。

适应深海的艺术家

如果你想住在这里，你必须适应极端条件。这里又黑又冷，食物稀少，只有偶然沉淀的死鱼尸体。生活在这里的动物都必须适应这些情况。这就是深海鱼不能挑剔的原因。它们必须能够吃掉所有游过来的东西，即使是过于庞大的猎物。因此，许多鱼都有一个大嘴巴、巨大的牙齿和有弹性的胃。有些鱼会用自制的灯光吸引可以捕食的少数猎物。其他的鱼类试图用巨大的眼睛捕捉仅存的微光，并利用光线为自己服务。

在黑暗里共同生活

但是生活在海底黑烟囱附近的鱼需要最为疯狂的适应力：在海床周围的地方，有热的硫黄水从地球内部冒出来。管虫和贝壳因此而受益。在它们附近生活着一种长长的鳗鱼。这里的整个群体都生活在完全没有光的黑暗中。

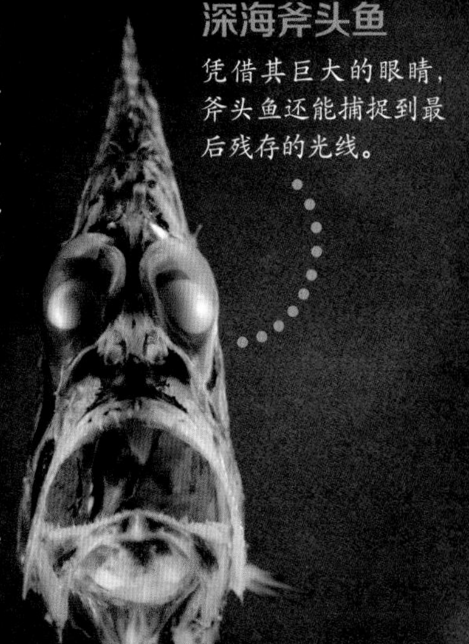

深海斧头鱼

凭借其巨大的眼睛，斧头鱼还能捕捉到最后残存的光线。

对深海螃蟹来说这简直是一种冲击：一艘遥控研究潜艇出现在它面前。这种事不会每天发生在深海中。

大鳍后肛鱼

仅仅在几年以前，美国蒙特雷湾水生生物研究所的研究人员才发现了这种鱼。它的头是透明的，所以可以抬头向上看。它可以向前或向上转动敏感的眼睛。因此可以看到头部上方的猎物！

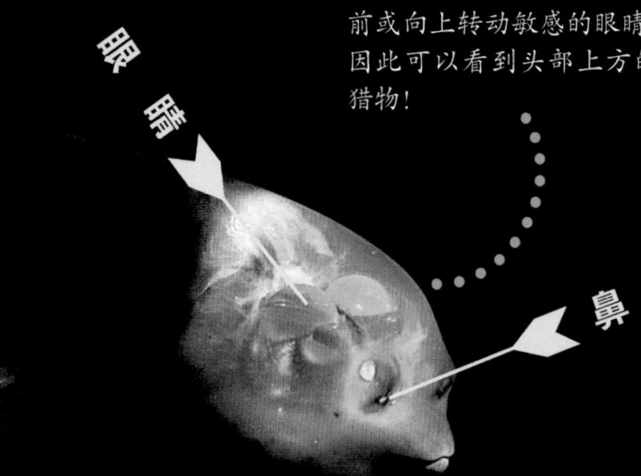

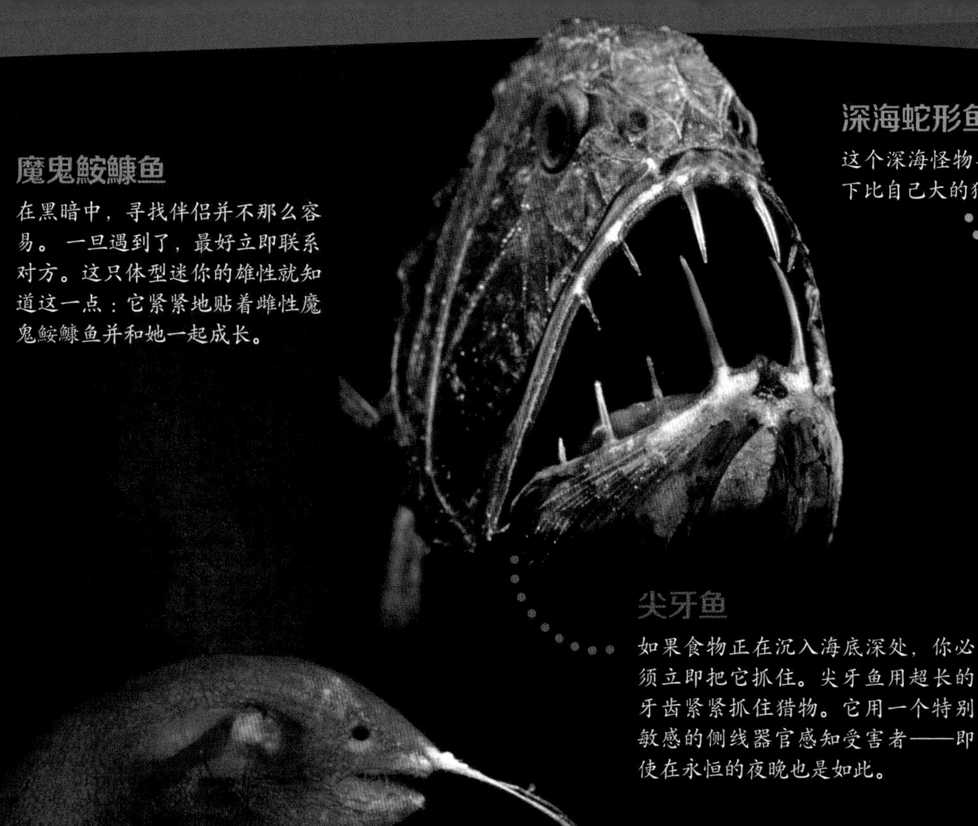

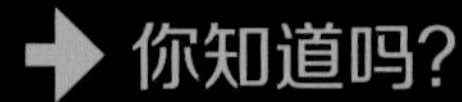

魔鬼鮟鱇鱼

在黑暗中，寻找伴侣并不那么容易。一旦遇到了，最好立即联系对方。这只体型迷你的雄性就知道这一点：它紧紧地贴着雌性魔鬼鮟鱇鱼并和她一起成长。

深海蛇形鱼

这个深海怪物甚至可以吞下比自己大的猎物。

尖牙鱼

如果食物正在沉入海底深处，你必须立即把它抓住。尖牙鱼用超长的牙齿紧紧抓住猎物。它用一个特别敏感的侧线器官感知受害者——即使在永恒的夜晚也是如此。

你知道吗？

海里越深，其压力越高。在10米深的水中的压力就已经是陆地的2倍。在10000米的海水中（几乎已经是海洋的最深处了），压力是每平方厘米1000千克！对人类而言那感觉就像我们胸腔里有100只大象一样。这种压力对深海鱼类毫无影响，因为在它们体内没有任何包含空气的组织。因此，几乎所有的深海鱼类都没有鱼泡。

鞭冠鱼

为什么不用一个漂亮的小灯来吸引猎物呢？这条鞭冠鱼扛着长长的鱼竿，鱼竿前端的细菌会发光。所以好奇的鱼儿会游到它锋利的牙齿前。

驼背棘鮟鱇

鮟鱇鱼用它的鱼竿吸引螃蟹、灯笼鱼和钻光鱼。它的胃非常有弹性，因此可以吞下比自己大三倍的猎物！

海底黑烟囱

这些天然烟囱由沉积的矿物质和盐构成。

北 极

企 鹅

企鹅只生活在南极，它们是绝佳的游泳能手，爱把鱼类作为小吃享受。

北极熊

大胃口的大型食肉动物也爱吃鱼哦……

南 极

如何抵御寒冷

即使世界上最严寒的地区也生活着鱼类：那里靠近北极和南极。但是，两极地区又是非常不同的。

北极地区的广阔海域

在北极，有一个被冰覆盖的广阔海域。冰层漂浮在海面，并不是特别厚：风和海浪把冰块推到一起，夏季厚两米，冬季约八米。在冰层下的水中生活着许多鱼，甚至在北极点也有鱼类的身影。

南极冰山

和北极不一样：南极是一个有着高山的巨大大陆。整个大陆全都覆盖着一层厚达三千米的冰层。南极周围是南冰洋，冰面突出。冰块不断从南极的冰山里分离出来并漂入海中。但即使在这个寒冷且避世的地区也生活着鱼类。

像冰啤酒的水

这两个地区有一个共同点：水温相当均匀，都在零下 1.8 摄氏度左右。这是因为海水所具有的含盐量。 由于盐的作用，海水不会在零度冻结，而只会在更低的温度下结冰。

为什么鱼不冻结?

正常鱼类的血液会在零下 1.2 摄氏度以下冻结。因此它们会在极地海上冻僵。然而另一方面，南极的鱼研发了一种技巧：在它们的血液中循环着一种防冻液。所以即使在寒冷的时候血液依旧可以流动。然而，血液流过静脉时会变得黏稠并且不容易流动。因此，极地鱼比其他鱼拥有更厚的静脉、更多的血液和更大的心脏。

你知道吗?

一些南极鱼没有鱼泡。相反，它们有一个厚厚的脂肪泡。这有助于给它们的身体提供足够的浮力。

北极鳕鱼

在北极冰层下的洞穴和裂缝中生活着极地鳕鱼。在这里，它能够发现美味的浮游生物，也可以躲避掠食者。

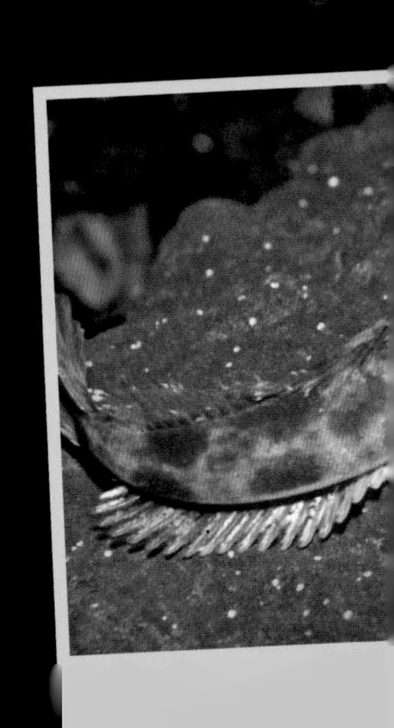

南极鳕鱼

南极鳕鱼是南冰洋中最大的掠食性鱼类之一。它能够生长到一个成年男人的高度和体重！

不可思议！

如果在南极的春季有冰块破裂，水温有时会上升到6摄氏度。这会导致一些鱼过热死亡。当然这不可能发生在我们人类身上。

冷水珊瑚

即使在冷水里也有巨大的珊瑚礁。就算在冰冷的南冰洋，珊瑚和其他珊瑚纲动物也能茁壮成长！在欧洲也有冷水珊瑚：挪威的勒斯特珊瑚礁面积为130平方千米。

南极冰鱼

南极冰鱼也被称为白血鱼，因为它的血液中不含血细胞。在寒冷的水域里，大量的氧气会溶解在水中，所以即使没有这些血细胞，它也可以活下来。唯一一对被人类捕获的南极冰鱼生活在东京的海洋生物公园里。

独角雪冰鱼

该物种只生活在南极的海床附近。目前为止对它的研究很少。

家门前的海鱼

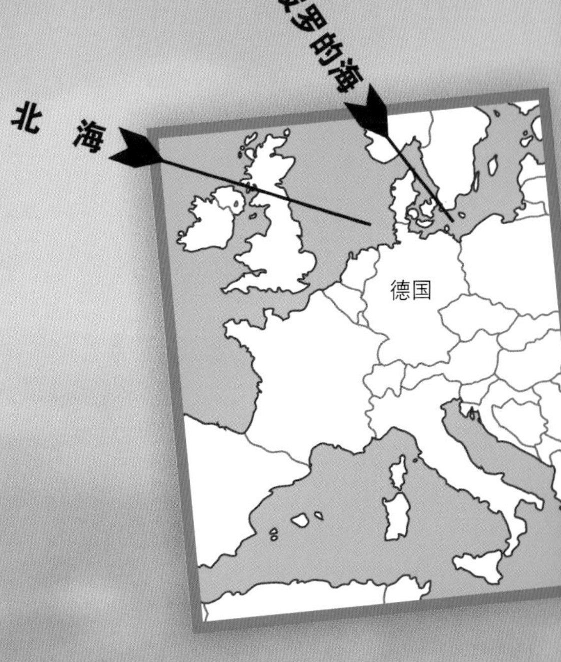

德国与两片海洋相连：北海和波罗的海。两者都是很浅的海域。北海平均深 94 米，波罗的海仅 52 米深。要是和平均深度达到近 3400 米的大西洋相比，这真是小巫见大巫了。

狂野的北海，甜美的波罗的海

北海是德国海洋中的狂野者。它有剧烈的潮汐，所以在落潮和涨潮之间有着很大的高度差。它总是肆虐着可怕的风暴潮。

另一方面，波罗的海四面环绕着陆地，因此它的风暴并不是那么糟糕。波罗的海的盐度也远低于北海，其中的水在很大程度上来自流入它们的河流，例如奥得河。

瓦登海

瓦登海位于北海边缘，是世界上规模最大、物种最丰富的浅滩。它宽达 40 千米，在落潮时会经常干涸。这里的生物多样得令人难以置信：泥滩密布着螃蟹、贻贝、蜗牛和蠕虫。超过 100 种鱼类和无数鸟类在这里可以找到丰富的食物。瓦登海也是许多鱼类的托儿所。鲱鱼、比目鱼还有不知名的鳕鱼在这里长大。有些鱼类，比如所谓的站立鱼，甚至永久地生活在滩涂中。

绵鳚

绵鳚与鳗鱼没有任何关系——除了它也有一个覆盖着黏液的长长身体之外。它隐藏在海底的石头和海藻之间，吃贻贝和软体动物。它也经常隐藏在沉入海底的旧垃圾罐头里。

红色魴鱼

北海底部生活着魴鱼，它用延伸的鱼鳍在沙子里刨来刨去地寻找小鱼、小螃蟹或软体动物。它常常用肌肉振动它的鱼泡发出“嘀嘀咕咕”或“叽里咕噜”的声音。

鲱　鱼

鲱鱼是德国人最重要的食物之一。它们在瓦登海长大，当长到更大时，就会成群地游过北海和波罗的海。它们紧靠着彼此游动，以水中的藻类植物和甲壳类动物为食。

绵鳚、采石鱼或海蝎子在浅水中都是相当安全的，它们不用担心捕食者的威胁。但它们还有其他困难要克服：浅滩里水温波动得十分厉害。来自北海的水灌进浅滩后，其水温只有 10 摄氏度；落潮时，太阳照到被围住的海塘时，其水温又可以达到 30 摄氏度。盐含量也有类似的波动变化，它取决于海水是否灌入或者河水是否改道。

梭　鲈

梭鲈是一种食肉鱼，它在淡水和咸淡水中可以很好地生存。海水和淡水混合会生成咸淡水，因此梭鲈既可以生活在波罗的海，又能够生活在河流中。

你知道吗？

欧蝶鱼属于比目鱼，生活在海床上。但下图展示的不是鱼的顶部，而是鱼的右侧。作为一条幼年的欧蝶鱼，它看起来还很正常，但 1 到 2 个月后，鱼的左眼会移动到右侧，鱼转向左侧。从那时起，它的左侧朝向海底，右侧两只眼睛朝上。

水下草甸

无论是在波罗的海还是在北海，都有广阔的海草草甸，鱼儿经常在其中繁衍后代。沉水陆地多格滩位于北海中间。这里的海水只有 13 到 20 米深。渔民喜欢去那里，因为他们知道在那里可以捕获到鳕鱼。

小斑点猫鲨

在北海生活着 11 种不同的无害鲨鱼。其中最常见的是小斑点猫鲨，它以鱼和螃蟹为食，害怕人类。

蛇针鱼

这条大蛇针鱼在临海草甸上感到宾至如归般的舒适。它用尾巴缠绕着海藻，把自己固定起来。蛇针鱼生活在北海和西波罗的海。

河里的世界

四眼鱼

在南美洲一些河流的咸淡水区，四眼鱼正在寻找昆虫。它的两只眼睛被分别一分为二。这样可以让鱼同时看清水面下和水面上的情况。

任何其他的栖息地环境都比不上河流的多变：在源头处，它是一条阴暗的溪流，然后是一条快速流动的河流，再后来是一条宽阔的河流，最后变成一条缓慢的长河。一条河流由五种完全不同的鱼类栖息地组成。

1 鳟鱼区

当河流刚从山间流出时，它还是一条清澈、寒冷且干净的小溪。溪水流动得很快，其中富含酸性物质。溪流溅在岩石、巨石和粗砂砾上。这里是褐鳟鱼（1）的家。它是一名出色的游泳运动员，身体呈流线型，正在河流上游寻找昆虫。杜父鱼（2）、七鳃鳗（3）、泥鳅（4）和小鱼（5）也生活在鳟鱼区里。

2 茴鱼区

小溪继续前进，变得更大，更温暖，但也流动得更慢。水底不再是岩石，而是砾石或沙子。第一批植物长在小河边缘。这里是茴鱼的地盘。茴鱼（6）以昆虫幼虫、螃蟹、蜗牛和小鱼为食。除了茴鱼以外，还有诸子鲦（7）、七鳃鳗（8）和软口鱼（9）在这里嬉戏。鲑鱼（10）也在这里。你还能时不时遇到褐鳟鱼（1）。

3 鲃鱼区

现在越来越多的支流汇集到一起了。河流变宽，河面平静，并开始形成回流。泥土在河道拐弯处沉积，植物在河湾的保护下生长。人们以鲃鱼（11）为河流的这个地区命名。鲃鱼的胡须很粗，这一明显的特征让人们很容易把它们认出来。它用胡须寻找食物。和鲃鱼生活在同一个区域的还有雅罗鱼（12）、红眼鱼（13）和拟鲤（14）。鲑鱼（10）也在鲃鱼区游来游去。

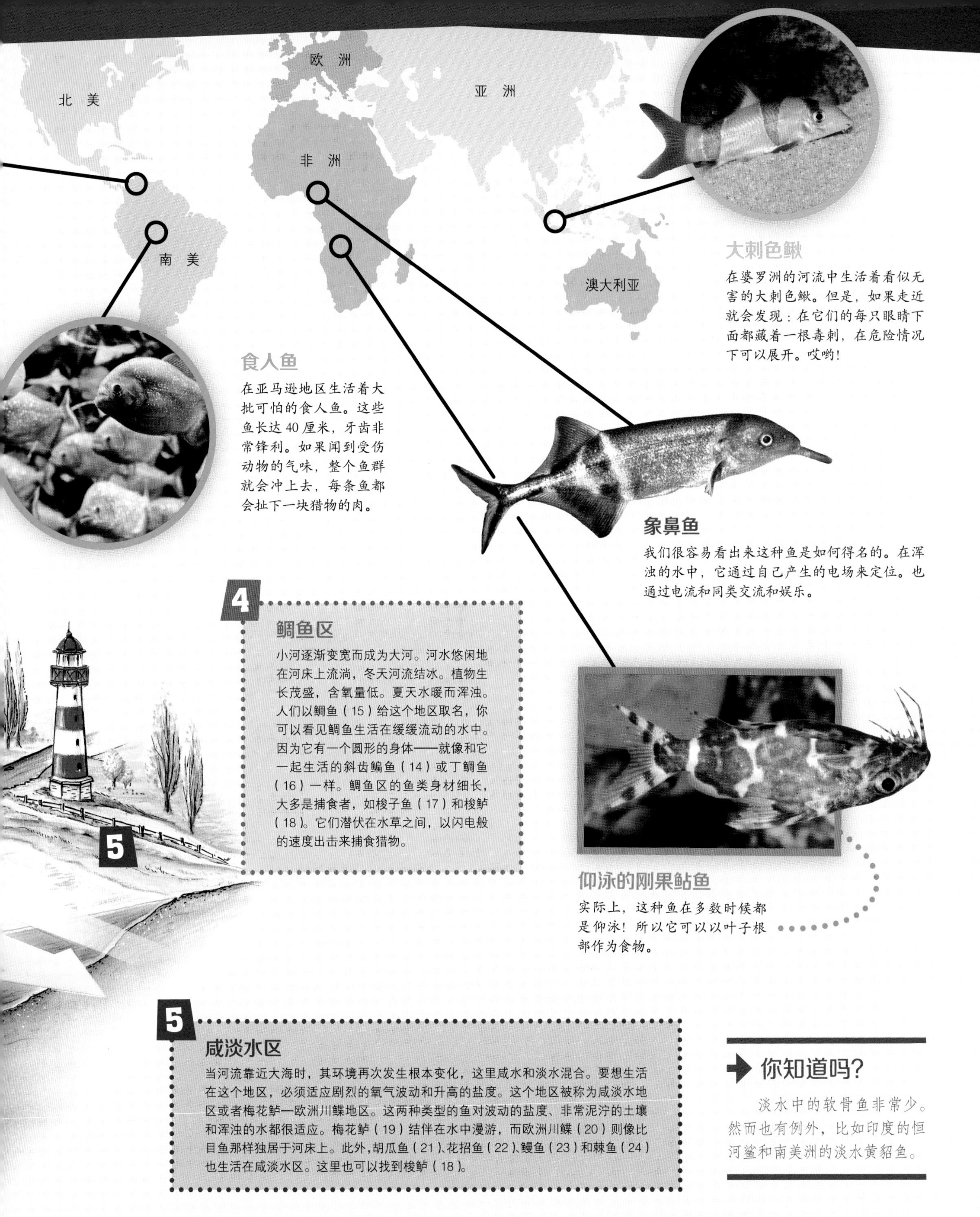

大刺色鳅

在婆罗洲的河流中生活着看似无害的大刺色鳅。但是，如果走近就会发现：在它们的每只眼睛下面都藏着一根毒刺，在危险情况下可以展开。哎哟！

食人鱼

在亚马逊地区生活着大批可怕的食人鱼。这些鱼长达 40 厘米，牙齿非常锋利。如果闻到受伤动物的气味，整个鱼群就会冲上去，每条鱼都会扯下一块猎物的肉。

象鼻鱼

我们很容易看出来这种鱼是如何得名的。在浑浊的水中，它通过自己产生的电场来定位。也通过电流和同类交流和娱乐。

4 鲷鱼区

小河逐渐变宽而成为大河。河水悠闲地在河床上流淌，冬天河流结冰。植物生长茂盛，含氧量低。夏天水暖而浑浊。人们以鲷鱼（15）给这个地区取名，你可以看见鲷鱼生活在缓缓流动的水中。因为它有一个圆形的身体——就像和它一起生活的斜齿鳊鱼（14）或丁鲷鱼（16）一样。鲷鱼区的鱼类身材细长，大多是捕食者，如梭子鱼（17）和梭鲈（18）。它们潜伏在水草之间，以闪电般的速度出击来捕食猎物。

仰泳的刚果鲇鱼

实际上，这种鱼在多数时候都是仰泳！所以它可以以叶子根部作为食物。

5 咸淡水区

当河流靠近大海时，其环境再次发生根本变化，这里咸水和淡水混合。要想生活在这个地区，必须适应剧烈的氧气波动和升高的盐度。这个地区被称为咸淡水地区或者梅花鲈—欧洲川鲽地区。这两种类型的鱼对波动的盐度、非常泥泞的土壤和浑浊的水都很适应。梅花鲈（19）结伴在水中漫游，而欧洲川鲽（20）则像比目鱼那样独居于河床上。此外，胡瓜鱼（21）、花招鱼（22）、鳗鱼（23）和棘鱼（24）也生活在咸淡水区。这里也可以找到梭鲈（18）。

你知道吗？

淡水中的软骨鱼非常少。然而也有例外，比如印度的恒河鲨和南美洲的淡水黄貂鱼。

湖泊里的甜蜜生活

鲶鱼是德国湖泊中最大的鱼。它最长可达两米，重量超过 75 公斤！它迅猛地张开巨大的嘴巴，通过水流将猎物吸进嘴里。

世界上大约有 500 万个湖泊和数不胜数的池塘。对于鱼来说，每一个湖泊或池塘都是它们的世界。毕竟，鱼是几乎无法从一个湖迁移到另一个湖的！

只有湖面是最好的！

在湖中，根据季节和鱼栖息的深度不同，鱼类的生活环境也完全不一样。湖面是最美丽的，因为只有在这里才有阳光的照耀。这里植物茂盛，它们可以找到充足的食物。如果潜入更深的水中，就会感觉越来越暗，越来越冷。

夏天，只有大约十米深的湖水会由于太阳的照射而温度升高。这片湖水区被称为湖上层。接下来是所谓的温跃层，这里聚集着浮游生物，湖水浑浊，水温急剧下降。梭子鱼有时就隐藏在阴暗的温跃层。它从这里弹射出去，以捕捉鱼群中落单的猎物。

温跃层下是湖下层，即使在夏季也保持着 4 摄氏度的低温，此外这里常年黑暗，缺乏食物和氧气。因此鱼都避开这个地区。

浮游生物

湖面上，水生植物和微生物在阳光照射下茁壮成长。此外，人们还可以在这里找到浮游植物，比如浮萍或游蕨。

湖上层

大部分鱼生活在湖泊的上层水域。它们以这里丰富的浮游生物或者其他鱼类为食。小鱼经常聚集在一起以保护自己。

河岸带

在河岸带植被茂密，波浪较弱。这里栖息着最多的动植物物种。

湖下层

在这里，夏天通常缺氧。因此鱼类不会下潜。

洞穴脂鲤

这些鱼生活在地下洞穴的淡水中。由于阳光不会照射到这里，它们并不需要眼睛，因而也看不见水下的东西。除了眼睛之外，它们的颜色也大幅度地退化了——所以看起来是白色或几乎透明的。

维多利亚湖的丽鱼

在非洲的维多利亚湖，我们可以很好地观察到鱼类的进化：大约 14000 年前，从几种丽鱼中演化出了 500 多种不同的种类，而这些丽鱼仅仅生活在这个湖中。

冬天的湖泊

在冬天，情况则截然不同：这时湖面寒冷，而湖水下面却是温暖的。即使表面被冰覆盖，湖泊深处的水温也有 4 摄氏度。鱼游往湖下层，以度过平静的冬天，这样可以让它们的新陈代谢尽可能地放慢。它们依靠储备的脂肪以及在深水中寻获的少数植物和微生物生活。其体温也会下降。丁鲷鱼是一个例外：它把自己埋进泥泞的湖底，通过冬眠来熬过寒冷的冬天。

在春季和秋季，水在风的吹动下相互混合，上层的水向低处流动，以确保低处有足够的氧气。

知识加油站

- 湖泊越古老，面积就越大，其中鱼的种类就越丰富多样。
- 世界上最古老、最深且水源最丰富的湖泊是西伯利亚的贝加尔湖。这里生活着超过 30 种鱼类。

不可思议!

鱼也会晒伤! 这在花园池塘里色彩鲜艳的观赏鱼身上十分常见。日本锦鲤的背部经常被晒伤，受损的皮肤之后也会受到细菌或真菌的侵袭。要想解决这个问题，只有通过种植植物来给它们提供遮阴处。

年龄优于美丽，这是当然的！

鱼儿创造的纪录

最古老的鱼：鲟鱼

这些鱼可以活到大约150岁！它们生活在河底甚至海底，是速度缓慢的马拉松游泳者，身长可达5米。自上个世纪初以来，它们已经在德国消失了。在其他地区，它们也濒临灭绝——一部分原因是它们被人类捕获，以做成美味的鱼子酱。

最美丽的鱼：麒麟鱼

即使在众多色彩艳丽的珊瑚丛中，麒麟鱼也特别出彩。它生活在深达18米的水下，用小嘴巴啄食沙底中微小的无脊椎动物，同时靠大大的腹鳍控制自己的行动。它看起来真漂亮，然而当你将其拉出水面时，它会散发一股恶臭！

最丑的鱼：水滴鱼

在互联网民意调查中，水滴鱼被评为世界上最丑陋的鱼类。这太不公平了，即使它在陆地上看起来真的像是被弄皱了似的。实际上，这是一个小小的奇迹。因为它完全适应了栖息地，能够在深海的高压环境下生存。它的身体被一种凝胶状物质填满了，如果脱离了深海的压力，它就会变形！

魔镜啊，魔镜：谁是珊瑚丛里最美的呢？

最大的鱼：鲸鲨

鲸鲨不是鲸，但还是属于鲨鱼——因此也是最大的鱼。它可以长到 14 米长！尽管那么大，但它几乎是无害的：它主要以浮游生物为食，把大量的浮游生物从水里过滤出来吃掉。尽管如此，也很难相信它竟然重达 12 吨！

为什么你们这么微小呢？

从来都往上看

最奇怪的鱼：皇带鱼

到目前为止，人们对皇带鱼几乎一无所知，只是偶尔海水会把死亡的皇带鱼冲到岸边。但是现在研究人员已经成功地用潜水艇将这个奇怪的巨人带入了墨西哥湾。结果发现：这种蛇形鱼在深海中垂直地游动！它长长的背鳍展现波浪般的运动，推动它以惊人的速度前进。

最快的鱼：印度太平洋旗鱼

印度太平洋旗鱼是世界上速度最快的鱼，每小时可达 110 千米。相比之下，人类只能达到每小时 8 千米。在高速运动下，旗鱼把它的扇形背鳍折叠起来，向腹部内凹。有些旗鱼一生中会游 32 万千米——相当于绕地球 8 圈啊！

我离开一下哦……

最稀有的鱼：魔鳉

这种鱼只在美国内华达州的一个小石灰岩盆中生活。这里热水源的温度是 33 摄氏度，来自地下 15 米深处有着 50 万年历史的古老洞穴中。根据最新的统计数据，魔鳉的数量只剩下 100 条了。

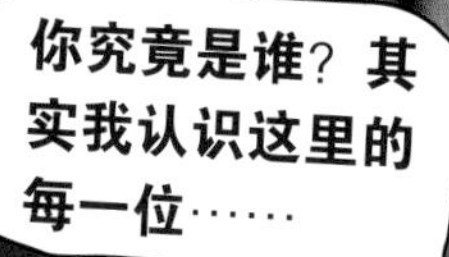

鱼类面临的危险

过去人们认为大海是没有尽头的。人类可以随心所欲地捕捉尽可能多的鱼——毕竟总会有新的出生嘛。但自从人类涉足几乎全世界各地以来，情况就发生了变化：世界各地的鱼类都因过度捕捞和环境污染而受到了威胁。

掠食性鱼类受到了特别威胁

受到特别威胁的是大型掠食性鱼类，如鲨鱼、马林鱼或箭鱼。自1950年以来，人类已经杀死了约90%的掠食性鱼类。这令人尤为担忧，因为其中一些物种的繁殖速度非常缓慢，例如，雌性沙虎鲨每次怀孕只产下两只幼崽，这种鲨鱼需要很长时间才能恢复种群数量。但即使是快速增长的物种，它们的数量也受到了威胁。大型工业远洋舰队用声呐、雷达和直升机定位鱼群，其拖网长达1000多米，有着足球场大小的开口。因而职业渔民能够一下子捕捉整个鲱鱼或鲭鱼群。

鱼类毫无意义的死亡

另一个特别烦人的问题是兼捕。落入巨大网中的不仅是要捕捞的鱼，还有许多其他鱼类。渔民因为它们没有用而将其扔回海中。特别有害的是捕鱼用的大拖网。这些网受重被推向海床上，渔民用大拖网捕捞欧蝶鱼等各种鱼类。除了被捕捞的鱼之外，渔网中还有五倍数量的不需要的鱼类，它们都被扔回海中。因而导致了每年数百万只鱼的死亡——这是完全没有必要的。

鱼　翅

虽然贩运鱼翅是非法的，它们仍然出现在亚洲市场中。为了得到鱼翅，鲨鱼被捕捞。人们切下了它们的鱼鳍，然后又把鲨鱼扔回海里。这些动物最后只能痛苦地死去。

兼　捕

那些人们不需要的鱼类被渔网捕获，这被称为兼捕。

拖　网

拖网十分巨大，这使得渔民可以捕获整个鱼群。

庇护之所

有时海中的垃圾对鱼也有好处。比如这只海鳗已经找到了一个可以栖身的旧可乐罐头。幸运的是，海鳗非常敏捷，不会被锋利的边缘割伤。

海洋垃圾

人们把垃圾倾倒在海里。这些垃圾，特别是塑料垃圾需要很长时间才能降解。这会破坏鱼类的栖息地环境，威胁它们的生存。

纪录 重达3000吨

大规模的拖网渔船“阿巴腾三号”（Albatun Tres）在单次航行中就可以捕获这么多的金枪鱼。

被污染的淡水

即使在河流中，许多鱼类也受到人类的严重威胁。这主要是因为人类排放废水污染了河流，破坏了鱼类的自然栖息地。如果河道是笔直的，它们就成了船舶的高速公路，这导致了浅水沙滩、泛滥区、岸边植物和防护石的消失。此外，拦河水坝和船闸使得迁徙鱼类的溯洄更加困难了，而水电站的涡轮机也对许多鱼类构成了致命威胁。

人类的活动同样使得湖泊中的鱼类难以生存：在康斯坦茨湖，以前经常能发现深水红点鲑。直到20世纪60年代，我们都可以在鱼市上买到它。但康斯坦茨湖的富营养化恶化了它们的生存条件，现在深水红点鲑已经灭绝。

1. 渔民今天乘坐装备精良的大型拖网渔船出海。**2.** 他们捕获了大量的鱼——通常比同时期可以再生的鱼数量更多。**3.** 不管是在船上，还是在岸上的大型工厂里，渔获的鱼都会被进一步加工处理。

鲤鱼池就像是鱼类的牧场：在人造浅水池塘中，池塘养殖者确保鲤鱼拥有最佳的生长条件。

鳟鱼生活在清澈、流动的水域里。因此，鳟鱼池有很多新鲜的淡水流入。

鲤鱼是最受欢迎的淡水鱼之一，它们常常被饲养在浅水池塘里。虽然在环境类似的意大利加尔达湖地区也能看到它们的踪迹，但是人们很少将其看作野生鱼。

合理捕鱼的漫长之路

享受鱼的美味而不危害鱼类种群的繁衍，要做到这一点并不容易。虽然在这个问题上，正在缓慢地取得进展，但人们仍然没有找到真正的解决方案。

人们被允许钓多少条鱼？

从 2014 年开始，欧盟颁布了更合理的新规定。此后，渔民的捕捞量不能超过同一时间可再生的鱼的数量，以防止鱼类资源进一步萎缩。此外，渔民不得将鱼抛回它们曾经被捞出的水里，这将促使他们尽可能精确地捕捞他们想要的鱼。

鱼类养殖

鱼被饲养在养鱼场的大池中，这就是水产养殖。这不是一个新概念：自 12 世纪以来，人们就一直在池塘里养鱼。

这种方式特别适合鲤鱼，因此人工养殖培育了无数的鲤鱼。鲤鱼在浅而温暖的池塘中繁衍生息，在水底刨食浮游生物和微生物。到了冬天，它们会留在池塘最深处没有结冰的地方。

鳟鱼的养殖方法与鲤鱼大不相同。虽然也是在大池塘里养殖，但池塘类型却截然不同：养殖鳟鱼的池塘需要不断换水，因为它

海洋管理委员会（MSC）认证标签

有几个认证标签可以帮助我们决定哪些鱼可以吃，哪些鱼不该吃。其中最重要的是海洋管理委员会认证标签，它贴在可持续性捕捞的野生产品上。尽管如此，仍然有一些环保组织认为这并非可靠的解决方案。

挪威是鲑鱼养殖的最大生产国，有数百个深达 50 米的网罩停放在海岸外。鲑鱼在网罩里亲密嬉戏，如果让哪一只鱼不慎逃了出来，养殖工人就必须支付高额的罚金。

→纪录
多达 **20万只**
一只网罩里生活的鲑鱼数量竟然这么多！

们需要快速流动且清澈的水环境。

鳟鱼的食物来自农民的饲料。这种饲料主要成分是鱼粉和鱼油，还有捕捞上岸的海鱼。所以，不幸的是，这个鳟鱼养殖场可能会造成这样的后果：海洋将继续被捕捞殆尽。

生长在巨大网罩中的鲑鱼

根据鲑鱼的繁殖过程，人们将幼小的鲑鱼在淡水中养殖，直到它们达到能够迁入海洋的年龄。然后将它们放入悬挂在海水中的大网罩里。这似乎是一个好主意，但即使这样也存在着相当大的困难：鲑鱼是食肉动物，所以它们也想在网罩里吃鱼，而这些作为食物的鱼往往是捕捞的野生鱼。此外，有时养殖的鲑鱼会与野生鲑鱼混杂在一起，然后它们会迷失方向。由于养殖的鲑鱼生来就没有自由，因此它们不知道该在哪条河中产卵。

哪些鱼被允许食用?

这个问题不容易回答。许多鱼类被过度捕捞，其种群只有在不会被继续捕捞的情况下才能得到恢复。因此，仅仅停止购买鳗鱼、鲈鲉或鲳鱼这样的鱼就可以了。

另一方面，我们能够安心购买某些品种的鱼类，比如鲱鱼和鲤鱼。鲱鱼在广阔的海域中群居生活，繁殖速度非常快。鲤鱼可以完全在池塘里生长，只吃特定的植物即可维生。

在鱼塘里，除了鲤鱼外，还常常养殖着丁鲷鱼。人们用大网来“收获”这些鱼。

卧室里的鱼

帆鳍鲱鱼（1）、金鱼（2）、孔雀鱼（3）和剑尾鱼（4）。

有了鱼缸，我们就可以将迷人的海底世界搬到房间里啦！其实，选择合适的鱼类和合适的植物也不是那么困难的。

你需要什么？

首先，你需要选择一个好位置：一张不直接暴露在阳光下的固定桌子，周围有足够的空间，那么你就可以在桌子上开始动手啦！当然，还要有养鱼的鱼缸，其他需要的配件有：砾石、加热器、照明器、水泵、过滤器和植物。第一步，填充砾石，安装水泵和加热器，将植物栽培好，并放入水中。之后等待大约两周，直到植物长大并且水变浑浊后，再清洁一遍。现在就可以把鱼放进来了。

哪些鱼可以搬进来呢？

最好选择易于掌控的物种，如孔雀鱼、帆鳍鲱鱼、金鱼或剑尾鱼。重要的是不要投入太多的鱼，也不要一次全部投入。如果你在数周的时间里将鱼逐渐放入鱼缸会更好。此外，你应该确认鱼类是否能相处融洽。

喂食时要节约！任何落在地面上的饲料都是多余的。与人类不同的是，鱼已经习惯长时间不吃食物。准备一个海水鱼缸比淡水鱼缸要麻烦得多。但是，如果你成功了，你就可以在家观看生活在珊瑚丛里色彩缤纷的居民了。多好！

采访窗户清洁工

姓　名：长鳍钩鲶
出生地：南美洲
年　龄：长达 15 年

你是窗户清洁工吗?

你想侮辱我吗? 有人称我为窗户清洁师，但我真的是一只长鳍钩鲶。

一直都是!

但是，你不清洁水族馆里的玻璃吗?

不，不会。我喜欢吃从石头、植物根部和身上，当然还有从玻璃上掉下来的美味海藻。但我不会靠着玻璃上上下下游动着做清洁。

你在这里会受到其他鱼类的打扰吗?

哦，你知道的，我和它们都相处得很好。我在下面游，它们在上面。无论如何，只要它们不吃我的海藻，我都是一个和平的室友。

你白天都做什么呢?

我藏在植物丛中或根部下方。我不喜欢在白天露脸。这是从我南美洲里奥内格罗的祖父母那里养成的习性。只有在天黑时，我才想出来享受一顿海藻美餐。

你不喜欢小螃蟹或跳蚤吗?

哦，当然喜欢，如果它们送到我嘴边的话，我也是很喜欢的。我也能找到黄瓜和辣椒，我觉得它们也非常美味。

你冬天做什么?

冬天? 那是什么? 对我来说，水温需要保持在 29 摄氏度。要是低于 20 摄氏度的话，我开始感到冷了。那就是你说的冬天吗?

大型水族馆通常遍布海水。游客可以漫步在中间的玻璃隧道里。

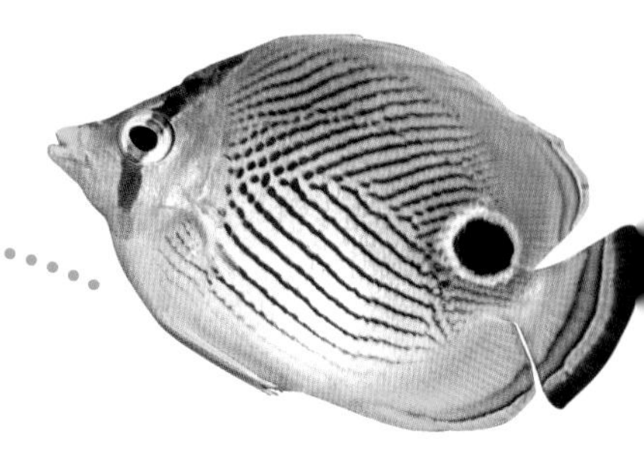

名词解释

水产养殖：在大池塘中养殖鱼类，例如鳟鱼。

眼　点：黑色斑点，看起来像一只眼睛，用来欺骗攻击者。

鱼　须：鱼嘴上的触觉、嗅觉和味觉器官。

兼　捕：捕获到不需要的鱼类，这些鱼会被抛回大海。

咸淡水：含盐量低的海水，存在于河流的淡水与海水中的咸水混合处。

声　呐：船上的仪器，利用声波确定水深，也可以定位鱼群的位置。

鱼线骨：稳定鱼鳍的长骨，可以说是鳍上的“鱼刺”。

非肉食鱼：不捕食其他鱼的鱼类。

鱼子酱：清洁和腌渍后的鲟鱼卵，被认为是一种美味，而且非常昂贵。

鳃：鱼的呼吸器官，必须不断地流入流出水。

硬骨鱼：由硬骨构成骨骼的鱼，绝大多数鱼是硬骨鱼。

软骨鱼：由软骨构成骨骼的鱼，如鲨鱼和鳐鱼。

珊　瑚：看起来像植物的珊瑚纲动物。它生长缓慢，会分泌出石灰石，这样就形成了巨大的珊瑚礁。

磷　虾：在庞大群体中漂流过海的微小甲壳动物。

产　卵：鱼卵从母体中排出，并进行体外受精的过程。软骨鱼大多体内受精。

红树林：生长在热带沿海地区的植物，它适应了海洋的盐度和潮汐。

浮游植物：在水中浮游生活的植物，是生活在阳光下的最微小的水生生物，例如藻类。浮游植物是海洋食物链的基础。

比目鱼：生活在海底附近的身体扁平的鱼，如欧蝶鱼。成年比目鱼的双眼长在同一侧。

肉食鱼：吃其他鱼的鱼类。

鱼　子：雌鱼腹部的成熟卵。产下鱼子的过程被称为产卵。

拖　网：巨大的捕鱼网由一艘或多艘船拉动，其展开的开口可以和足球场一样大。

鱼　泡：鱼类充气的器官，用它来调节浮力大小，从而在水中漂浮或下潜。只有硬骨鱼才有一个鱼泡。

体侧线：鱼类感知漩涡和水流的最重要的器官。

共　生：两种互利互惠的物种密切共存。

潮　差：在一个潮汐周期内，相邻高潮位与低潮位间的差值，又称潮幅。在一些海岸，潮差可达 15 米。

拖网渔船：捕鱼的专用船。它有一个发射和收回拖网的装置，有的船上甚至还有捕鱼用的冷冻室。

浅　滩：在退潮时干燥的沿海地区，这里生活着许多动物物种。

野生捕捞：与水产养殖不同，从海中捕获鱼类。

浮游动物：在水中浮游的动物，包括磷虾和桡足类在内的微小水生生物，还包括幼小的鱼苗。

图片来源说明 /images sources：

Alfred-Wegener-Institu/J. Gutt:33 中，Archiv Tessloff:12 上,12 中右,12 下左,37 上中，47 上 右，Corbis：11 中（Hal Beral），11 中 右（L. Candisani/Minden Pictures），18（背景图 - S. Frink/sf@ stephenfrink.com），21 中右（J. L. Rotman），21 中（H. Beral），24 中 右（145/K. Klaassen/Ocean），26 上（P. Barrett/AlaskaStock），27 上左（S. Gorshkov/Minden Pictures），27 上 右（N. Fobes/Science Faction），27 下 中（R. Herrmann/Visuals Unlimited），30 下左（R. White），31 上中（D. Wrobel/Visuals Unlimited），31 下 左（R. White），33 上 右（G. Rowell），42 上 右（F. Courbet），43 上左（E. CASTRO/Reuters），43 下 右（J. Pavlovsky/Sygma），43 下 中（Boomer Jerritt/All Canada Photos）,Getty:27 中左(S. Abell),41 上右(J. Bird),43 上右(Oxford Scientific），Huber, Florian：4/5 下中，Jacobs, Shoshanah：4 上右，5 上右，Kunz, Uli：4/5（背景图），Kunz，Winfried：4 中左，mauritius images：13 下右（Alamy），30 上右（Minden Pictures），30 中右（Bluegreen Pictures），31 下右（Alamy），44 上 右（imageBROKER/J.W.Alker），Monterey Bay Aquarium Research Institute：30 下右，MSC：44 中右，naturepl/D. Fleetham：1，NORFANZ/K. Parkingson：40 下左，picture alliance：2 中右（M.Hilgert/OKAPIA），3 下左（Julian Gutt/Werner Dimmler, Alfred-Wegener-Institut），6 下右（Chip Clark/AP Photo/Smithsonian National Museum of Natural History），11 下中（W. Pölzer/WaterFrame），11 下（R. Dirscherl），13 中右（A. Root/OKAPIA），14 下 左（Arco Images/Frei，H.），15 下 右（H. Frei/Arco Images），16（背景图 - R. Dirscherl），17 上左（D. Dirscherl/WaterFrame），17 中右（R. Dirscherl），17 下左（NHPA/photoshot/M. P. O'Neill），18 中左（H. Frei/Arco Images），18 下右（P. Sutter/Arco Images GmbH），19 上左（F. Banfi/WaterFrame），19 中 左（A. Schiebel/dieKLEINERT.de），20 上 右（F. Banfi/WaterFrame），21 上 右（Arco Images/Huetter，C.），22（背景图 -B.Bevan/ardea.com/Mary Evans Picture Library），22 中（T. Stack/WaterFrame），22 中 左（M. Hilgert/OKAPIA），23 上右（Dr.I.Pol unin/NHPA/photoshot），23 中 右（A. Hartl/OKAPIA），23 下（T. Stack/WaterFrame），24 上（blickwinkel/A. Hartl），24 中 左（F. Banfi/WaterFrame），25 下中（blickwinkel/A. Hartl），25 下 右（W. Pölzer/WaterFrame），27 下 右（Okapia/Gavriel Jecan/SAVE），29 中 右（R. Dirscherl），29 下 右（F. Graner/Wildlife），33 下 右（Julian Gutt/Werner Dimmler，Alfred-Wegener-Institut），34 下 左（W. Pölzer/WaterFrame），34 下 右（B. Furlan/WaterFrame），35 中（blickwinkel/A. Hartl），35 下 中（blickwinkel/F. Hecker），35 中 右（F. Teigler/Hippocampus Bildarchiv），39 上左（F. Teigler/Hippocampus Bildarchiv），40（背景图 - Frei，H./Arco Images），41 下右（Woodfall Wild Images/Photoshot/J. Stone），42 下中（R. Dirscher），42 下右（C. Jaspersen），44 上左（H. Dietz），45 上（H. Bäsemann），45 下右，picture alliance/WILDLIFE：6 中右（NWU），9 上中（G. Lacz），10 中右（F. Teigler），13 上右（D. Harms），14 下 右（NWU），21 上 中（J. Freund），25 上 右（W. Fiedler），25 中右（W. Pölzer），31 上右（NWU），31 中（NWU），33 下左（NWU），35 下左（D. Burton），37 上右（F. Teigler），37 中右（NWU），37 下右（F. Teigler），46 右（1 - F. Teigler），47 下（D. Harms），Shutterstock：3 中 右（Vibrant Image Studio），7 下 右（W. Bradberry），16 上右（LauraD），17 下右（Cigdem S. Cooper），20/21（背景图 - keren-seg),21 中左 (E. Daniels),21 下左 (E. Isselee) 23 上左 (LauraD)，23 中（N. Sabod），25 中（Vlad61），26 中右（Vasik O.），26 下左（farbled），27 中（Flagge - S. Khomutovsky），27 右（Flagge - S. Khomutovsky），28/29（背景图 - Photocreo/M. Bednarek），32 上左（axily），32 下左（Vlada Z），32/33（背景图 - D. Burdin），34 上右（pavalena），34（背景图上 - bluecrayola），35（背景图 - LauraD），36 上中（gallimaufry），37 上左（Kokhanchikov），38 上左（Kletr），39 下右（zhu difeng），39 中右（P. Wollinga），40 下右（Khoroshunova O.），41（背景图 - A. Brill），43 中左（SeDmi），44 中（F. Czanner），46 右（2 - Vibrant Image Studio），46 右（3 - Nantawat Chotsuwan),46 右 (4 - T. Volgutova),46 上 (S-F),46/47 下中（saiko3p），So190Images:8/9 中,38 下,Thinkstock:2 上右(R. McVay),2 中(IPGGutenbergUKLtd)，2 下 左（OST），3 上 左（M. Stubblefield），3 上 右（Zoonar/P. Malyshev），4 下 左（V. Vítek），6（背景图 - Derkien），7 上左（Piter1977），7 下中（Joshelerry），8 上右（JackF），10 上 左（Corey Ford），14 上 左（R. McVay），15 上 右（lillophoto），15 中（Aneese），17（背景图 - Dovapi），17 上中（IPGGutenbergUKLtd），17 中左（S. McCabe），18 上左（Kgrif），20 中左（LauraDin），20 下右（liveostockimages），21 下 右（welcomia），25 上 中（IPGGutenbergUKLtd），26 中 左（OST），27 上中（M. Filipchuk），28 中 右（johnandersonphoto），28 上 左（Earle_Keatley），29 上 左（M. Stubblefield），29 上 右（RichardALock），29 中（sinainina），32 上 右（Lanaufoto），34（背景图下 - A. Altenburger），35 上中（yelo34），38 上右（Thom_Morris），39 上右（W. Culbertson），39 中（sbelov），39 下左（David Schrader），41 下左（D. Pearson），43 中右（Zoonar/P.Malyshev），48 上右（johnandersonphoto），Wieczorek，Marion：10 下，13 下左，19 中，19 下，36 下，42 下，Wikipedia：14 中左（U.S. Fish and Wildlife Service/Dunana Raver），27 中右（Manxruler）

环衬：Shutterstock：下右（VikaSuh）

封面照片：封 1：Corbis - Stephen Frink，封 4：Corbis - Norbert Probst/Imagebroker

设计：independent Medien-Design

内 容 提 要

本书收录了全世界各种各样的鱼类，是一本丰富好玩的鱼类图鉴，也是鱼类百科知识大全。《德国少年儿童百科知识全书·珍藏版》是一套引进自德国的知名少儿科普读物，内容丰富、门类齐全，内容涉及自然、地理、动物、植物、天文、地质、科技、人文等多个学科领域。本书运用丰富而精美的图片、生动的实例和青少年能够理解的语言来解释复杂的科学现象，非常适合 7 岁以上的孩子阅读。全套书系统地、全方位地介绍了各个门类的知识，书中体现出德国人严谨的逻辑思维方式，相信对拓宽孩子的知识视野将起到积极作用。

图书在版编目（CIP）数据

各种各样的鱼 /（德）尼科莱·施拉夫斯基著 ; 张依妮译. -- 北京 : 航空工业出版社, 2022.3（2024.2 重印）

（德国少年儿童百科知识全书 : 珍藏版）

ISBN 978-7-5165-2889-1

Ⅰ. ①各… Ⅱ. ①尼… ②张… Ⅲ. ①鱼类一少儿读物 Ⅳ. ① Q959.4-49

中国版本图书馆 CIP 数据核字（2022）第 021115 号

著作权合同登记号
图字 01-2021-6329

FISCHE Wunderwelt im Wasser
By Nicolai Schirawski

各种各样的鱼
Gezhong Geyang De Yu

航空工业出版社出版发行
（北京市朝阳区京顺路 5 号曙光大厦 C 座四层　100028）
发行部电话：010-85672663　010-85672683

鹤山雅图仕印刷有限公司印刷　　全国各地新华书店经售
2022 年 3 月第 1 版　　2024 年 2 月第 5 次印刷
开本：889×1194　1/16　　字数：50 千字
印张：3.5　　定价：35.00 元

WAS IST WAS
船的故事

WAS IST WAS
飞机的秘密
人类飞行的梦想

WAS IST WAS
火山探秘
来自地球的火焰

WAS IST WAS
七大奇迹
上古时期的宝藏

WAS IST WAS
汽车世界
精彩的汽车发展史

WAS IST WAS
鲨鱼家族

WAS IST WAS
百变天气
阳光、风和暴雨

WAS IST WAS
穿越大自然
探究与保护

WAS IST WAS
鲸和海豚
海洋里的哺乳动物

WAS IST WAS
恐龙王国
永远消失的地球霸主

WAS IST WAS
矿物与岩石
闪闪发亮的宝藏

WAS IST WAS
爬行与两栖动物
壁虎、林蛙和巨蜥

WAS IST WAS
大自然的力量
难以估量的威力

WAS IST WAS
改变世界的电
高电压与超导体

WAS IST WAS
各种各样的鱼
水下的奇妙世界

WAS IST WAS
猫的家族
拥有柔软脚爪的敏捷猎手

WAS IST WAS
奇境森林
动物和植物的天堂

WAS IST WAS
忠诚的狗

WAS IST WAS
浩瀚宇宙
宇宙的秘密

WAS IST WAS
狼的故事

WAS IST WAS
蚂蚁和白蚁
了不起的建筑师

WAS IST WAS
美丽的蝴蝶
色彩斑斓的自然精灵

WAS IST WAS
蜜蜂和胡蜂
美味的蜂蜜与可怕的毒针

WAS IST WAS
潜水的魅力
潜入水下的迷人世界

WAS IST WAS
古老的希腊文明
诸神、英雄和诗人

WAS IST WAS
古罗马生活
古罗马城的社会百态

WAS IST WAS
欧洲风情
人口、国家和文化

WAS IST WAS
骑士时代
城堡、比武大会和宫廷女性

WAS IST WAS
舞动的音符
走进音乐的奇妙世界

WAS IST WAS
古老的城堡
中世纪的见证

WAS IST WAS
熊的秘密生活
棕熊、大熊猫、北极熊

WAS IST WAS
化石档案
生命的痕迹

WAS IST WAS
奇妙的昆虫
六条腿的生存艺术家

WAS IST WAS
极地世界
生活在冰雪王国

WAS IST WAS
神秘的蜘蛛
丝线上的猎手

WAS IST WAS
大象王国
温和的"巨人"

WAS IST WAS
海底宝藏
沉没的宝藏

WAS IST WAS
海洋之谜
海洋研究与保护

WAS IST WAS
火星登陆
红色星球定居计划

WAS IST WAS
忙碌的农场
动物、植物与农业机械

WAS IST WAS
时尚魅力

WAS IST WAS
全球气候
冰期和气候变化